JN189383

動物の行動から考える

決定版

農作物を守る
鳥獣害対策

江口祐輔 編著

誠文堂新光社

はじめに

本書は、2013年に出版した『動物による農作物被害の総合対策—最新の動物行動学に基づいた—』の改訂新版である。初版の「はじめに」では、科学的な取り組みが進み、それまで憶測の中で行われてきた被害対策の欠点が浮き彫りとなり、人の意識改革も必要となった。そこで、これまで知られていなかった野生動物の行動や生態を紹介しながら、野生動物をどうするかではなく、私たち人間がどうするべきかを考える必要があることを述べた。

本文では、多くの動物種を対象として、現場に詳しい研究者に被害対策を執筆していただき、現場からも好評を得た。その結果、被害を減少させるための総合対策の必要性は広く知られるようになり、実際に被害を減少させた、あるいはゼロにした地域では、正しい柵の設置と点検補修、環境管理が功を奏したと実感していただいている。

一方で、捕獲に対する考え方には賛同できないという意見も多く聞かれた。前書の出版と時を同じくして、行政はイノシシやシカの個体数半減政策を打ち出し、捕獲にかかわる様々な事業等が繰り出された。しかし、それから5年が経過したが、結果はどうであろうか。野生動物の頭数は半減どころか、未だに減少していない。近年、被害金額は減少傾向を示しているが、15年前と比較すると、鳥害は減少しているものの、逆に獣害は増加している。そして、現在も野生獣の生息分布と被害分布の拡大の対応に迫られている。捕獲に頼るあまり、私た

ちが危惧していたことが現実となっている。また、近年は捕獲と関連してジビエ振興が謳われ、鳥獣害対策と関連して多額の事業費が計上されているが、被害対策との関連はうやむやにされている。

改訂新版となる本書においても被害対策の基本や、捕獲に対する考えや主張は変わらないが、研究の最新情報や政策の流れに対応して、前書の内容を推敲し、加筆・修正を行った。また、少しでも被害対策の理解が進むように写真等をカラー化し、より理解しやすくするために図や写真の差し替えも行った。

本書には「農村伝説」という言葉がキーワードとして出てくる。前書では「ヒューマンエラー」であった。被害対策の失敗を動物や防除機器のせいにするのではなく、客観的に分析し、次の一手を打って欲しいという想いからであった。ただ、被害対策におけるヒューマンエラーは、不注意や集中力の欠如から発生するよりも、間違った情報を信じたり、数少ない状況証拠を客観的に判断することができずに発生することが多い。そこで、改訂新版の本書では、ヒューマンエラーの原因となりやすい間違った情報を「農村伝説」と称して紹介した。

本書の執筆陣は、間違った被害対策を目にするたびに、「なんとかしなければならない」という想いを強くしている。本書が、正しい情報が現場に伝わることに役立ち、また市町村の担当者や現場を指導する方々の役に立てることを願っている。

江口祐輔

目次

第3章 シカの対策

第4章 サルの対策

第5章 クマの対策

第6章

中型野生動物の対策

第1章
鳥獣害対策をはじめる前に

野生鳥獣による農作物被害の対策

農作物被害の状況

野生鳥獣による農作物被害が大きな問題となっている。田畑に侵入する野生動物は大型のイノシシ、サル、シカ、中型のタヌキ、アナグマ、ハクビシン、アライグマ、ヌートリア、さらには小型のモグラやネズミなど様々である。これらの動物が様々な作物に手を出すのであるから、被害に遭わない作物はほとんどないと言ってよい。

わが国の農作物被害の被害金額は約200億円である。統計を取り始めた平成11年度以降、増減はあるものの、ほぼこの規模で推移している（**図1**）。

しかし、各都道府県や市町村などの地域ごとに見ると、1年ごとに被害金額が増減しているところが多く、1年1年の数字で一喜一憂するのはナンセンスである。被害金額や被害面積はそれぞれの市町村で算出方法が異なり、また、算出する対象作物もばらばら。被害の経験年数によって、初めは正確に報告していた農家も一向に被害が減らないと、徐々に報告が面倒になる傾向がある。

被害金額の裏側を読んでみよう。平成12年と27年の被害金額の差を見てみると、鳥獣害全体の被害金額は47億6千万円減少している。顕著な減少に見えるが、鳥害、すなわち鳥による被害金額の減少額は55億7千万円である。鳥獣害全体の被害減少額よりも大きい。ということは、獣害、すなわち獣による被害金額は8億円程度増加しているのである。もちろん、近年は中型動物の被害増加分も含まれている

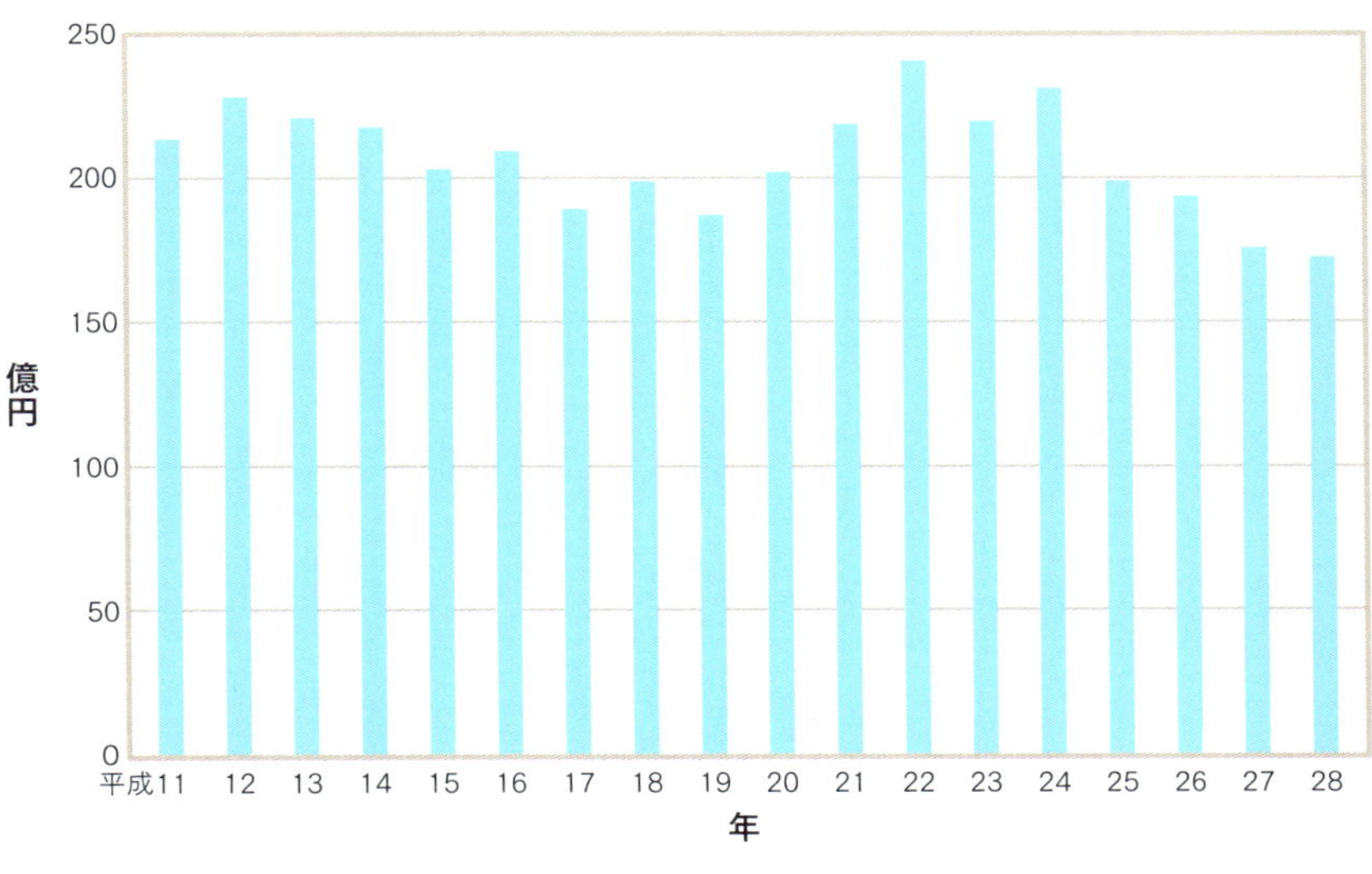

参考：農林水産省「鳥獣被害の現状と対策」（平成30年）

図1　野生鳥獣による農作物被害額の推移

ので、イノシシとシカの捕獲頭数だけで比較すべきものではないが、さらに中型動物の捕獲もうなぎ上りであることを考えると、やはり何かがおかしい。

間違いだらけの被害対策

鳥獣害対策の基本は総合対策である。農家、行政、猟師など様々な立場の人間ができることを連携して行うことが必要である。ところが、これまでは多くの地域で捕獲に頼った被害対策が行われてきた。未だに根本的な対策が「捕獲」だと勘違いしている地域も多い。しかし、捕獲一辺倒の対策は意味がないことを、ここ数年の歴史が示している。

実際、**図2**のように、イノシシ、シカの捕獲頭数はうなぎ上りであるにもかかわらず、被害は高値安定状態である。捕獲に頼るだけでは被害は減らせないのである（**写真1**）。

また、補助事業で柵を張ったことで満足する、公

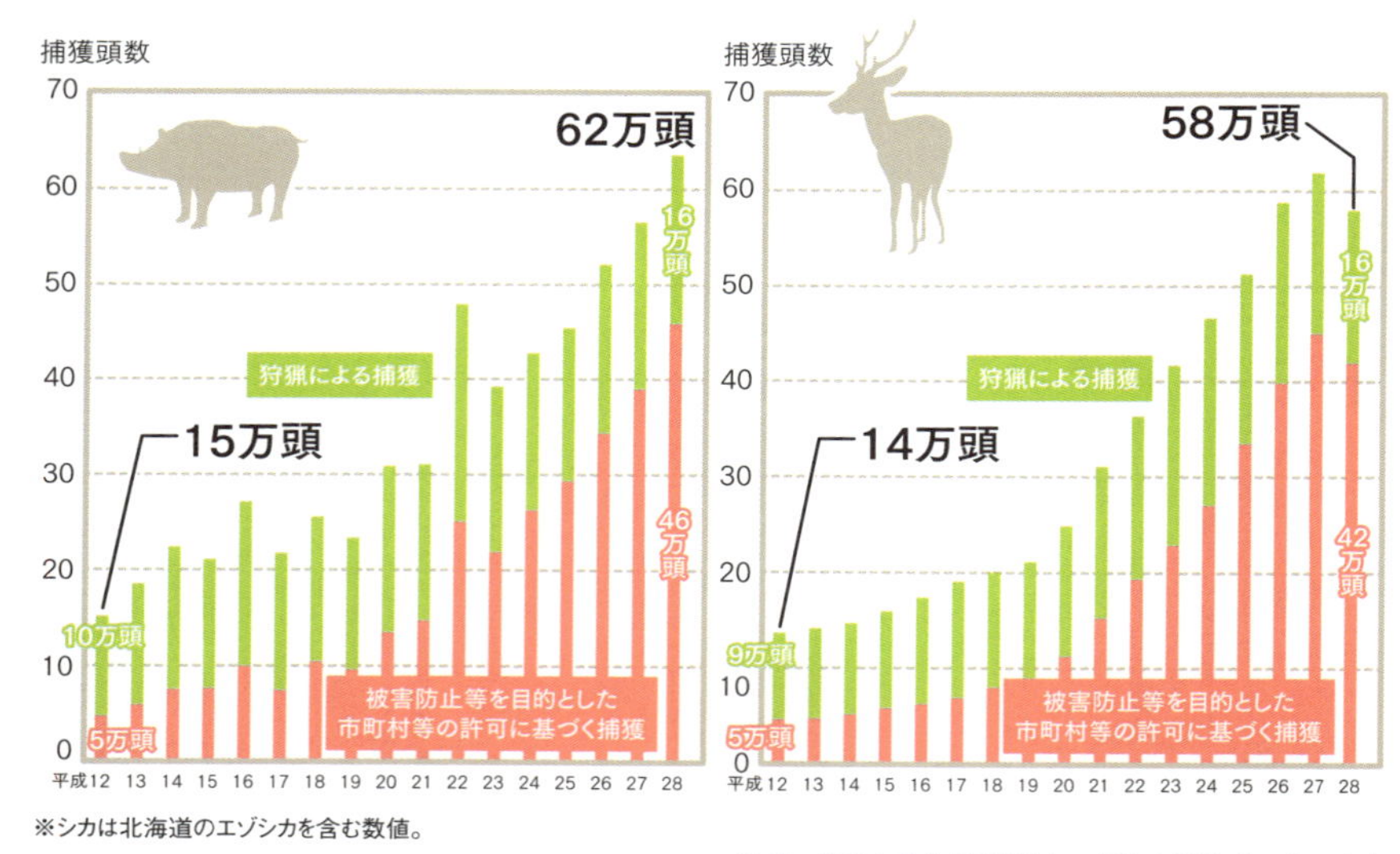

※シカは北海道のエゾシカを含む数値。

参考：農林水産省「鳥獣被害の現状と対策」(平成30年)

図2　イノシシ、シカの捕獲頭数の推移(環境省調べ)

共事業依存の対策もほとんどうまくいかない。ハードが立派でも、それを管理する人間側の体制が構築されなければ、何の意味もない柵になる。

被害対策がうまくいったかどうかは、作物の収穫

写真1　イノシシ捕獲檻は頼もしい存在だが、捕獲に頼るだけでは被害は減らせない。

ができたか、または当事者である農家が「農作物は守れる」という実感が得られたかどうかであろう。しかし、国や県の鳥獣害対策会議では、収穫量はどうでも良いらしく、「○○市では防護柵の総延長が30kmに達した」「今年度の捕獲は昨年度の1・5倍になった」などと、柵の設置距離や捕獲数の自慢が報告されるだけである。柵を張った結果、あるいは捕獲の結果、被害がどのように減少し、収穫がどれだけ増えたかは報告されない場合がほとんどである。

「農業問題」と連想しにくい「鳥獣害」

「鳥獣害」、この言葉が被害対策を難しくさせてきた。「野生動物による農作物被害」は農業現場の問題であることを連想させるが、「鳥獣害」は単に野生動物が悪さをするような印象を与える。本来は農作物の収穫が思うようにできない「農業」の問題であるにもかかわらず、動物の専門家ばかりに頼る国や都道府県の行政によって、農業関係者が参加できない環境が作られてきた。農業問題として考えられないと、どのようにすれば収穫量が増え、持続的な農業が展開できるかといった議論が起こらない。すると、その地域から動物がいなくなれば被害はなくなる、その地域から農業がなくなっても被害がなくなるといった極論も出てくる。被害者である当事者（農業者）抜きの対策になってしまうのである。

　また、現在、イノシシだけの被害、サルだけの被害など、加害獣が1種に限られる現場は少ない。しかし、鳥獣害にかかわる研究者の多くは「イノシシのことならばわかります」とか、「サルのことだったら話せます」という人が多い。これではまったく現場に対応できていない。私たちの研究室では「専門家というのは専門のことしかわからない人」と定義している。被害現場に出ていく研究者は、ある意味専門家であってはならないのである。

被害はなぜ起こるのか？

野生獣の人里への出没や農作物被害が増加した原因に、森林伐採・植林による食物資源の減少や温暖化による個体数増加、さらには地方の過疎化による人口の減少がしばしば挙げられる。しかし、このレベルで話をしていては当事者は何も手を出すことができなくなり、問題を深刻化させることになってしまう。例えば、シカによる林業被害（樹皮剥ぎ）は、シカの密度が高くなり過ぎることで餌が不足し、今まで摂食しなかったものを口にするようになったために起きたのかもしれない。

しかし、このような状況に追いやった経緯を改めて考えると、そんなに単純な話ではない。人工造林を推進する過去の政策による大規模な伐採によって、それまで光が届かなかった林床部に太陽光が届き、青々とした草が生えた。すなわち、シカのような草食動物にとって最高の放牧地を提供していたのである。まず、シカを増やしたのは人間であることも知っておく必要がある。

野生動物は農作物だけを狙って田畑に侵入しているわけではない。彼らは生存競争に有利な餌に執着する。知らず知らずのうちに野生動物を誘引している環境を、私たちが作っていることにも気づかねばならない。例えば、誰も収穫しなくなった果実が落ちてそのままになっていると、野生動物がそれを摂食し、人里にはおいしいものがあることを学習する（**写真2**）。くず野菜などの放置も餌付け行為になる。また、ひこばえや収穫残渣（キャベツや結球レタスの外葉の放置など）は、ついつい野生動物の餌になっても見過ごす、あるいは許してしまう傾向にあるが、これは野生動物にとって生存が厳しい冬期の栄養補給源となり、本来なら餌の不足によって死亡してしまうはずの個体を生かすことになる。

野生動物の分布拡大が問題視されているが、特に個体数が多くなったと指摘されているイノシシは栄養状態が改善されても、産子数など繁殖特性に影響がないことが証明されている。シカやサルなどでも、個体数の増加は死亡率の低下が大きな原因である可能性が極めて高い。本来、自発的に頭数が減少する冬期の死亡を人間が防いでいるのであるから、捕獲対策の効果が上がらないのも当然である。

写真2 放置された収穫残渣などは、野生動物にとってごちそう。人による無意識の餌付け行為が被害を助長する。

写真3 広域防護柵。野生動物が田畑に侵入しにくい環境を整えることで、柵の効果を高めることができる。

地域ぐるみの総合的な対策が重要

駆除だけに頼らず、野生動物が集落に侵入しにくい環境を整備することと、野生動物に強い田畑を作る、そして効果的に田畑を囲うことが重要である。野生動物が侵入しにくい環境を作り、彼らの警戒心を大きくすることで防護柵の効果を高められる（**写真3**）。柵の効果が上がると、田畑への侵入に慣れ、捕獲檻を敬遠していた個体を追い込む手助けにもなる。野生動物の行動を考え、地域で総合的な対策に取り組むべきである。

（江口祐輔）

野生動物から守りやすい田畑とは

野生鳥獣から農作物を守るのに「どんな柵を立てたら一番効果的か」と聞かれることがよくある。しかし、どのような柵を使っても、守りやすい田畑になっていなければ柵の効果はなくなってしまう。何をどこに植えるのか、どういう風に栽培するのか、という畑のレイアウトや栽培方法を考えることから、本当の被害対策は始まるのである。

このような営農管理的な被害対策の多くは、井上雅央氏（元近畿中国四国農業研究センター鳥獣害研究チーム長）に現場で教わったものである。本項ではこれらの野生動物に強い田畑作りについて紹介したい。

守りやすい田畑のレイアウト

1 柵のすぐそばでは農作物を作らない

田畑をせっかく柵で囲っても、柵のすぐそばまで農作物を作ると、柵の隙間から作物が食べられてしまうことがある（**写真1**）。そのような隙間がない柵でも、すぐ目の前に作物があると、動物は一生懸命に作物を取ろうとして、柵を壊して侵入してしまうことがある（**写真2**）。

したがって、作物を植える時には、動物が届かず、人が柵沿いに歩いて柵の管理をできる程度のスペースを柵の内側に開けることが大事である。

スイカやカボチャなどのつる性の植物の場合は、特に注意が必要である。柵のそばに植えると、つるが柵の外に出て実をつけてしまうからだ（**写真3**）。これでは動物を呼び寄せて餌をあげているようなものであり、柵の効果も半減してしまう。

また、電気柵の場合には、つるが電線に絡まって漏電の原因にもなる。したがって、柵のそばには、つる性の農作物は栽培しないようにするのがよい。

2 目隠しをする

昼行性のサルはもちろんのこと、夜行性と思われがちな（本当は夜行性ではないのだけれども）イノシシも農作物をしっかりと目で見ている。カボチャやトウモロコシ、サツマイモのような動物の嗜好性の高い農作物が畑の中に見えると、その畑は動物にとって非常に魅力的な餌場に見えてしまう。そうなると、仮に柵を張っていても、動物は必死になって柵内に侵入しようとすることがある。

そこで、被害を受けやすい農作物は畑の中央部分

写真1　柵の隙間から食べられるイネ。

写真2　柵のすぐ内側になったスイカ。

写真3　柵の外側になったカボチャ。

で栽培して、トウガラシ、シソ、コンニャクのような嗜好性の低い農作物を目隠しとして畑の外側に植えるとよい（**図1、写真4**）。

図1　被害を受けにくい作物を目隠しとして使った事例
トウガラシ、シソ、コンニャクなどの被害を受けにくい作物を目隠しとして利用し、その内側にサツマイモなどの被害を受けやすい作物を植える。

写真4　トウガラシを使った目隠し。奥にサツマイモが植えられている（島根県美郷町青空サロン）。

守りやすい栽培方法とは

1 コンパクトに栽培する

家庭菜園など狭い圃場でいろいろな作物を作りたいとなると、柵のすぐそばで作物を作るなと言われてもなかなかできない。特にスイカやカボチャなどは、場所をとってしまう。そういう時に使えるのが、立体栽培である。カボチャの場合には、キュウリやゴーヤの棚を作る要領で立体的な棚を作り、カボチャの重みに耐えられるくらいのネットを張って、そこにつるを誘引する(**写真5**)。

スイカの場合には、腰ぐらいの高さに棚を作り、そこにネットを張って、ネットの上でスイカを作るとよい(**写真6**)。そうすると、後から防鳥網などのネットもかけやすくなり、鳥からも守りやすくなる。

ただし、棚を作る際に、カラスが止まれるような出っ張りを作ってしまうと、そこに止まってネットの

写真5　カボチャの立体栽培。

写真6　スイカの立体栽培。

上からスイカをつつかれてしまうことがあるので注意が必要である。

2 果樹は低く栽培する

カキ、キウイなどの果樹も、腰ぐらいの高さの棚にネットを張って、そこに枝を誘引する低面ネット栽培がよい（**写真7、8**）。せん定しにくいために生い茂ったキウイ棚は、サルなどの侵入や逃走経路になるうえ、収穫しない実が餌になってしまう。低面ネット栽培であれば、せん定もしやすいし、実を余さず収穫できる。また、鳥にやられる場合には棚の上に簡単に防鳥ネットを掛けることもできる。

3 竹を使ったマルチ栽培

サツマイモの竹マルチ栽培は、周囲から切り出してきた竹を畝に乗せてマルチとして使う（**写真9**）。雑草の抑制など黒マルチと同様の役割だけでなく、サルがサツマイモのつるを引っ張ってイモを取ろうとしても、イモはマルチの下に残って取られないという利点がある。また、イノシシの場合でも黒マルチよりは掘り返されにくい。何よりもやっかいものの竹を利用できるということで、地域の人がおもしろがって取り組んでくれる。

写真7　カキの低面ネット栽培（島根県美郷町青空サロン）。

写真８ キウイフルーツの低面ネット栽培（島根県美郷町青空サロン）。

写真９ サツマイモの竹マルチ栽培。

図2　守りやすい田畑の管理ポイント

POINT 1　柵のすぐそばでは作物を作らない
作物を植える場合は、動物から届かず、人が柵沿いに歩いて管理できる程度に柵の内側にスペースを開ける。

POINT 2　立体的な棚でコンパクトに作る
スイカやカボチャなどスペースを取る作物は、立体的な棚を作り、ネットを張ってつるを誘引する。

POINT 3　低面ネット栽培(果樹)
果樹の生い茂った枝がサルなどの侵入・逃走経路になることを防げる。また、果実を余さず収穫できるので、無意識な餌付け行為の防止にもなる。

POINT 4　竹マルチ栽培(サツマイモ)
竹を畝に乗せてマルチとして使うと、動物がイモを引っ張っても取られず、掘り返されにくい。

被害を助長しない収穫後の管理

1 収穫後の田の管理(二番穂)

収穫後の水田では、イネの株から葉や穂が再生する。この「ひこばえ」は、動物にとって餌の少ない冬を迎える前の秋の貴重な食料源になる。イノシシやサルにとっては再生した穂がおいしい餌となるが、シカの場合には穂だけでなく、再生したイネの葉が新鮮な若い草が少ない秋のごちそうとなる。それだけでなく、その年生まれでまだイネを食べ物と認識していない個体に、イネの葉や穂がおいしい餌だということを容易に学習させてしまう可能性もある。

このようなひこばえを動物が利用できないようにするためには、病害対策や営農管理上のメリットもある秋起こしをすることが望ましい。また、ひこばえが枯れた後に株間から生えてくるイネ科などの雑草も野生動物の餌となる。

しかし、これらの餌を動物が食べていること自体、あまり認識されていない。冬の雑草は草食獣のシカの餌になるばかりでなく、雑食性のイノシシやサルの餌にもなってしまう。12月頃に耕起すれば、このような冬の雑草の量を減らすことができる。

2 収穫後の畑の管理

畑の雑草や果樹園の草生栽培で植えられた緑草も、餌の乏しい冬の動物の餌源になってしまう（**写真10**）。電気柵で無事に被害を防げた畑や果樹園でも、収穫後には電気柵を撤去することが多い。ところが、作物のない冬にもイノシシやシカが圃場に出没して緑草を食べていることがある。餌の乏しい冬に動物に餌を与えないという点から、冬に緑草が目立つ圃場では、電気柵を撤去せずに張っておくほうが良い。また、動物にとってみれば、入った経験があり、中の様子がわかっている圃場よりも、一度も入ったことがない圃場の方が警戒して入りづらい。そこで、被害が出る圃場では1年を通して動物を圃場に入れないという心構えが大事である。

（上田弘則）

写真10 冬の果樹園内の青草。

間違った対策を引き起こす農村伝説

鳥獣被害はなぜ起きるのか

鳥獣被害はどうして起きるのだろうか。イノシシやサルなどの野生動物が侵入してくるからだ、と答える方も多いだろう。しかし、動物側の目線に立って考えてみると、一概にそうとは言い切れなくなる。彼らが、人間が自分たちを受け入れてくれた、おいしいものを与えてくれた、人里まで案内してくれた、いつ侵入すればよいのか教えてくれた……など、人間のおかげで農作物にありつけるようになったと考えても不思議ではない環境がいたるところに存在する。

イノシシ対策ならイノシシの、サルやシカ対策ならサルやシカの、それぞれの動物の目線に立って対策を行うことが必要である。ところが、被害現場において、人間本意の思い込みで効果のない対策が行われ、被害が助長されるケースが少なくない。

本来であれば、効果のある対策から紹介すべきであろうが、それらは必ずしも手軽に行えるものばかりではない。となると、人間はどうしても手軽なもの、安いものに手を出してしまうことが多い。また、特に農作物被害の世界では、実際には効果のない対策が新聞や雑誌、インターネットなどで科学的根拠もないままに、動物に対する昔からの言い伝えや間違った被害対策など、都市伝説ならぬ「農村伝説」が紹介されている。農村伝説は間違った対策につながり、被害を助長・拡大させてしまうことになる。

安易な対策に手を出す前に、間違った対策を引き起こす、やってはいけない、あるいは注意しなければならないことを頭に入れておく必要がある。

農村伝説が対策を難しくする

1 「有刺鉄線」の誤解

人間の思い込みによって、まったく効果がないものが被害対策として使われている。その1つが有刺鉄線だ。有刺鉄線を未だに効果があると考え、田畑の周囲に巡らしている農家も多いが、残念ながらイノシシは鉄線のトゲで背中をこすっても孫の手のように気持ち良いと感じる程度であろう（**写真1**）。

人間にとっては非常に痛く危険なものであっても、彼らにはまったく効かない。自分たちが痛いから動物にも効くだろうと、人間の目線で考えてしまう誤った対策である。家畜のウシでさえも有刺鉄線を首に食い込ませて放牧地の外側の草を食べている。イノシシやシカにとっても痛い素材ではない。

写真1 野生動物の皮膚は丈夫で、有刺鉄線に対する恐怖はない。

研究者は野生動物が有刺鉄線を嫌がらない特徴を逆手にとって、ヘアトラップ（hair trap）なるものに使っている。野生動物に接触するように有刺鉄線を獣道に仕掛けると、そこを通った動物の毛が鉄線のトゲに引っかかる。研究者は動物種の同定や、毛根が残る新鮮な毛を遺伝子研究に利用していたのだ。

2 「イノシシは青い光を嫌う」という誤解

イノシシの色覚は、青系の色は色として見ているが、赤は灰色と区別できない。実験を行ったところ、イノシシは正解と教えられた青を他の色と区別して選択する。一方、赤を正解とした時に灰色を並べると、まったく区別できなくなる。市販されている対策用の赤の光は、イノシシにとって普通の白色か灰色の光にしか見えていないのである（**図1**）。

また最近では、イノシシは青色が見えるので、青色の光の点滅で追い払うグッズが市販されている。しかし、色覚の実験ではイノシシは青を自ら進んで選択し、報酬として餌をもらうのである。青い光を嫌うと考えるのは間違いで、イノシシは青色と報酬の関係を学習しているのだ。

実際に市販されている青い光（不規則な点滅）に対するイノシシの反応を試験したところ、イノシシは1日で慣れた。

試験の結果、青系統の色については100%および100%に近い正解率を示すが、赤については50%前後の正解率であった。

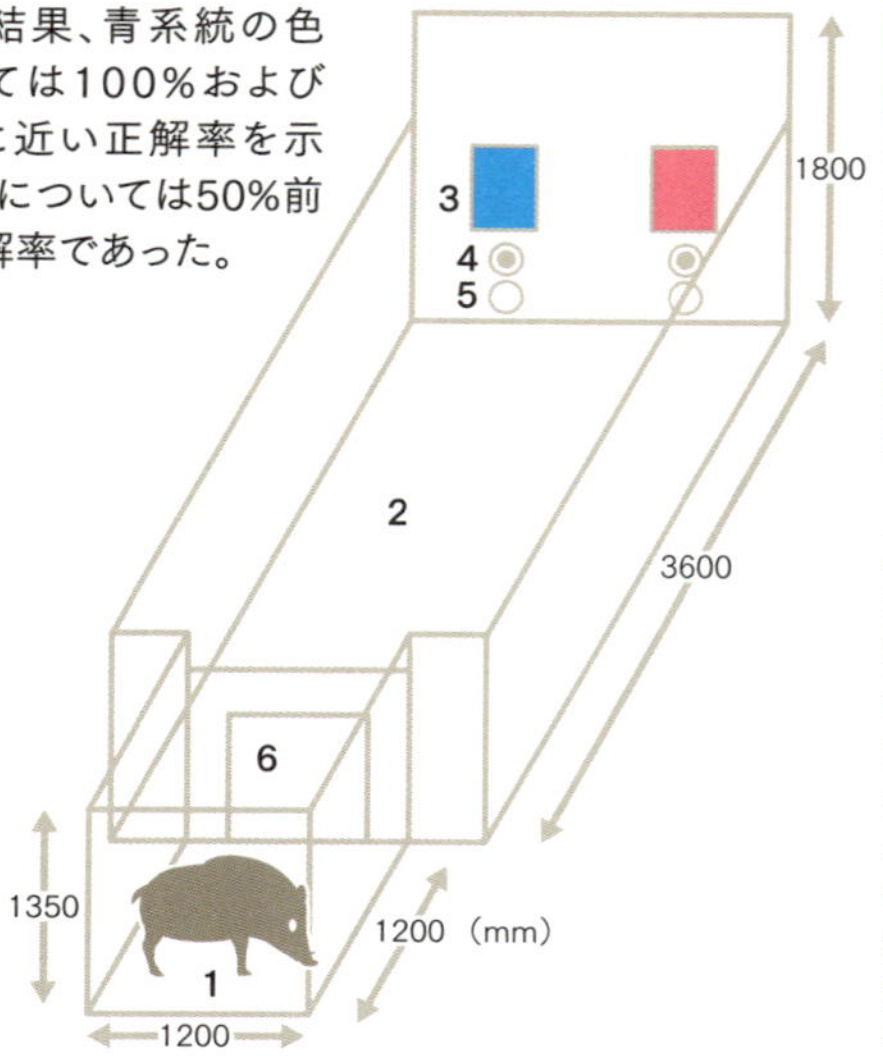

1 待機室
2 弁別室
3 色パネル用の窓
4 返答ボタン
5 給餌口
6 仕切り扉

装置前面は左右に並んだ色パネル用の窓、返答ボタン、報酬給餌口からなっており、待機室から出た供試イノシシが正解色（正刺激）側の返答ボタンを鼻で押すと、給餌口から報酬飼料が供給される。イノシシは正解すれば餌が得られるが、不正解だと餌が得られない。しかし、待機室に戻れば次の選択のチャンスがあることを学習する。二者択一の試験なので、両者を識別できれば正解率は高く、識別できない場合は偶然の正解確率である5割に近くなる。

図1　色覚能力実験における弁別装置外観図

3 「サルは頭が良い」という誤解

サルが被害を出し始めると、「サルは頭が良いからもうだめだ」と、対策もせずにあきらめてしまうことがある。これは人間が勝手に〝天才ニホンザル〟を頭の中で作り上げて、実際たいして頭の良くないサルに、畑に入る練習期間と人に慣れる時間を与えてしまっているだけだ。

一般的にサルは他の動物に比べて頭が良いと思われているが、実際はどうか。上下に開閉できる木製の扉を設置した実験を行った（**写真2**）。ニホンザルが扉を上に持ち上げれば箱の中の餌が得られる。まず、著者が50頭余りのサルを目の前にして扉を開き、中のラッカセイやミカンを食べるデモンストレーションを数回繰り返した。著者が箱から離れると彼らは一斉に箱に近づき、前肢で触れてみたり、箱に登ったり、金網部分をかじったり、様々な行動を見せたが、いつまで経っても扉を持ち上げる個体は出てこなかった。20分も経過すると、サルはイライラし始め、箱を叩いたり、かじって金網を破ろうとする行動が認められた。結局2時間待っても扉を開ける個体はいなかった。扉を持ち上げて開けるくらい簡単だと

写真2　経験のないサルは、扉を持ち上げて餌を取ることができない。

思うかもしれないが、実は彼らにとってそんなにやさしいことではないのである。この実験では、ニホンザルが餌を得られるようになるまでに莫大な時間を要した。人間本意の対策ではなく、動物の素顔を知り、動物の目線に立った対策が効果をもたらすのである。

4 忌避材（臭い）の誤解

臭いによる追い払い、いわゆる忌避効果を狙った対策も思い込みによる間違った対策である。現在、動物忌避用として様々な臭いが市販されている。木酢液や竹酢液等がベースになったツンと鼻につく臭いや、ニンニクやトウガラシエキス等を混ぜたものが多い。これらはまさに人間の嗅覚を強く刺激する匂いや、ニンニクやトウガラシなど、人間にとって味覚的にも強く刺激するものが使用されている。

では、これらの材料（原料）は本当にイノシシなどの野生動物が逃げ出すほど嫌いなものなのだろうか。答えはノーである。時折、忌避剤の効果が報道されることもあるが、そのほとんどすべてにおいて出没抑制効果は一時的であり、その後、野生動物の侵入を許しているのが現状である。

臭いを田畑周辺に撒いた直後はイノシシが侵入しなくなることが多い。これはイノシシが臭い物質を嫌っているのではなく、それまで臭いがしなかったところに強い臭いが発生したことによる環境の変化に対して強い警戒心を持つからだ。しかし、田畑の魅力は大きく、繰り返し田畑周辺を探査した後、臭い以外に環境の変化がないことを確認すると、再び、田畑に侵入するようになる。

臭いが効かない理由は様々あるが、最もわかりやすいのは、イノシシがむしろ、この臭いを虫よけとして好んでいるというものだ。イノシシはダニなどを遠ざけるために泥浴びを行うが、忌避用のツンとくる臭いを虫よけ効果のあるものと見なしているようである。実際、これまでに100種類以上の臭い物質をイノシシを対象に試験したが、ほぼすべての臭いに対して体をこすりつける、いわゆる泥浴びと同じ行動をとった。

5 ラジオの音は侵入開始の合図

音についても、犯しやすい間違い対策の例を紹介しよう。人の気配がなくなると野生動物が侵入してくるので、一晩中ラジオをつけっぱなしにして、作物を守ろうとする農家は少なくない。この対策も被害を拡大させる農村伝説によるものである。ラジオから人の声が流れるので、野生動物は田畑に人がいると勘違いし、侵入を思いとどまるだろうと人は期待するが、これこそ勘違いである。

ご自身の行動を考えていただきたい。ラジオのようにひたすらしゃべり続けながら農作業をする人はいるだろうか。鼻歌を歌いながらはあるかもしれないが、楽器を使った演奏などはさすがにないだろう。ラジオから流れる音と普段の農作業中に出る音とが違いすぎると、野生動物の学習が進む。農作業を終えて帰る時にラジオをつけるのは最も危険である。野生動物はラジオの音を聞き、「よし、人間はいなくなったぞ」と認識する。作業中もラジオを流した場合、多少、野生動物は警戒してくれるかもしれないが、周囲に茂みがあり、隠れながらこちらの様子を伺うことのできる現場では何の意味もない。また、夜中はどんな音がしても人間はいないということを徐々に学習してしまうのである。

侵入防止柵の落とし穴

1 被害を大きくする柵の設置

初めて野生動物が田畑に侵入する時、道路側や河川側からではなく、まず間違いなく山側からやってくる。なぜだろうか。私たちは何となくその行動を理解し、野生動物は山に棲む生き物だから山側から侵入するのは当たり前だと考えてしまう。もう少し野生動物の心理を考えてみよう。

野生動物の判断基準は意外と単純である。「簡単と安全」、これがキーワードとなる。山際にいる野生動物は田畑までの移動距離を考えても、道路側から入るより山側から侵入する方が簡単である。また、道路を選択した場合、イノシシやシカなど蹄のある動物にとって、アスファルトやコンクリートの地面は滑りやすく、歩行しにくい。さらに、被害地の多くは田畑の周囲が茂みで覆われていることが多く、身を隠せる茂みと身体が丸見えになる道路では、明らかに茂みを選択した方が安全である。このような理由から、野生動物は山側からの侵入を選択する。要はどちらが簡単で安全かを判断しているのだ。

ところが、野生動物を迎え撃つ人間は、非常に頭が良く、創造性豊かであるために、野生動物の気持ちを無視して、いろいろなことを考慮してしまう。野生動物は、簡単かどうかの基準で行動しているのだから、そこを潰せばよいのだが、人間はコスト計算という高度な思考まで取り入れてしまう。「野生動物は山側から来るのだから、山側だけ柵を張ればコストが大幅に削減できる」。あるいは、「侵入して来ない道路や河川側は柵を張らなければコストを削減できる」と考えてしまうのである。このような考え方で張られた柵が全国各地に氾濫している。その結果、被害は助長され拡大していく。

道路側を張らず、コの字型に設置した柵を考えてみよう。それまで山側から侵入していた野生動物は柵が張られたことにより、山側からの侵入が非常に難しくなったと感じる。ところが、これまで山側よりも難しかった道路側には柵が張られていないため、相対的に難易度が下がる。つまり、柵を張られた山側よりも道路側の方が簡単に侵入できると考える個体が現れる。柵を越えるのは困難だが、舗装道路に一歩だけ踏み出せば、そのまま侵入できる。もちろん、一歩踏み出すだけでも、身体が丸見えになるので危険性は高まる。

しかし、動物の性格も人間と同様に個体差があり、道路に出ることができずにあきらめる個体もいれば、道路に踏み出す個体も出てくる。そして、道路側からの侵入に成功した個体はだんだん慣れて大胆になり、平気で道路や河川側から侵入するようになる。

さらに2、3年もすればアスファルトの上を上手に歩き回るイノシシやシカが出現するようになる。田畑の外周すべてに柵を張らずに、一部だけ柵を張るのは被害対策とは言わない。これは野生動物に、学習問題を出しているにすぎない。「さて問題です。これまで簡単に侵入できたところに柵を張りました。野生動物の皆さんは、今度はどこに目をつければよいでしょうか？」と言うように。間違った被害対策が人間の言う、いわゆる「賢い野生動物」を作り出しているのである。はじめから田畑の周囲に柵を巡らせておけば、田畑全体の侵入難易度が高まり、道路側はさらに難易度が上がるので、アスファルトの上を歩く動物はそう簡単には現れないのである。

2 野生動物があきらめない柵の設置

集落単位で大規模に設置する場合でも、個人で設置する場合でも、柵を張る時は、その後の管理を視野において欲しい。この時も動物の目線で考えることが大切である。傾斜の大きい斜面に接した農地に柵を張る場合、耕作面積を多く取りたいので、斜面のあるギリギリのところで柵を張ってしまう傾向にある（**図2**）。

傾斜がきついと、そこに人が立って作業することが難しくなる。そのような場所に柵を張ってしまうと管理者は柵の外側から点検ができなくなる。すると、柵が張られて農地に侵入できなくなったものの、野生動物はこの傾斜に人間が立ったことがないことや、人間が柵を越えてまで来ないことを学習する。そして、警戒を解いて一心不乱に柵を破壊したり、柵のほつれを探すことに専念できる。人が野生動物専用地帯を自ら提供し、野生動物があきらめてくれない柵を設置したことになる。

一方で、農地は少し狭くなるが、柵の周囲に人が歩いて点検できるスペースを空けて柵を設置すると（**図3**）、野生動物は柵によって農地に侵入できなくなった上、人が常に柵の周辺で活動しているため、柵に近寄るにも警戒が必要になる。耕作面積を欲張るより、動物の行動を考慮した柵の設置を行った方が最終的に収穫量が多くなる場合が多い。やはり、動物の目線で考えることが適切な対策につながる。

（江口祐輔）

柵
人にとって見回りにくい。
補修しにくい。
農地
野生動物専用地帯
動物にとって近寄りやすい。
探査しやすい。
急斜面

図2　野生動物があきらめない柵
斜面ギリギリに柵を張ると、動物があきらめない柵になる。

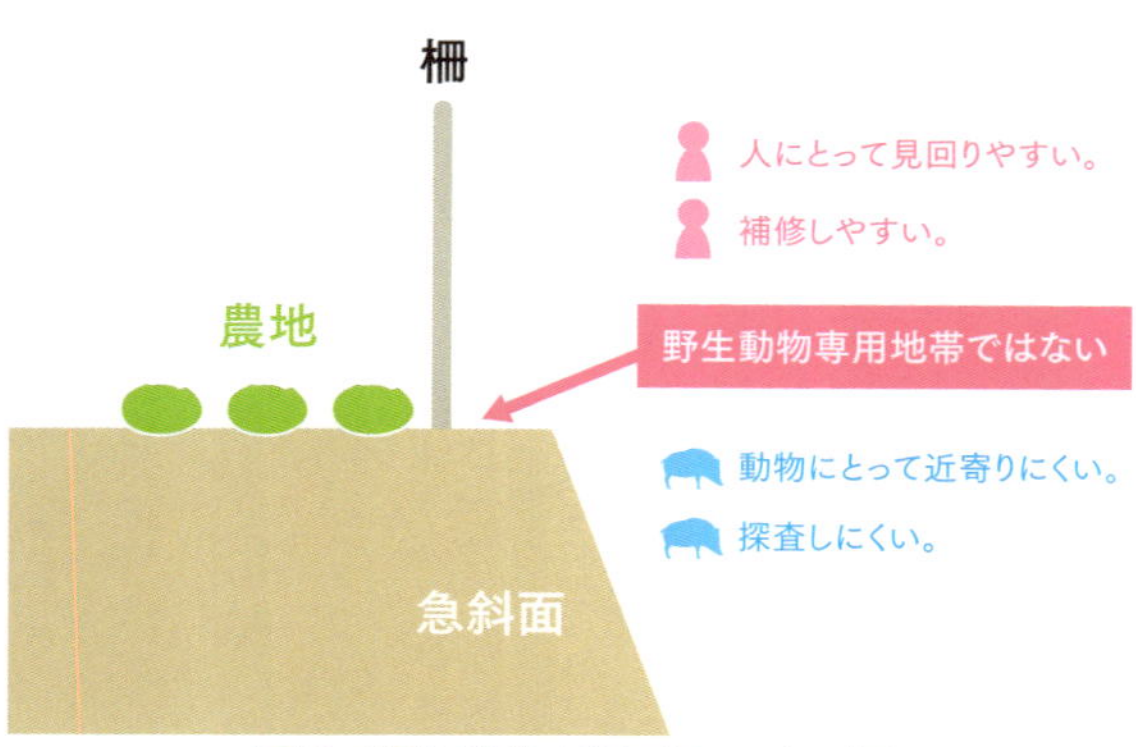

図3　野生動物が近づきにくい柵
柵の外側に人が活動できるスペースを作ると、動物が近寄りにくい柵になる。

人間の思い込みによるクマとイノシシ被害のメディア報道

近年、野生動物の出没が多いという新聞記事が目につく。記事の内容に目を通すと、必ずしも正しい理解によって記事が書かれていないことがある。と言うよりも、野生動物の出没が1つの理由で片付けられてしまうような浅はかな記事が多い。その一例として、クマとイノシシの報道について触れてみたい。

野生動物出没の原因

毎年、クマやイノシシの目撃や被害が増えたことが大きく報じられている。野生動物の目撃データは4月から9月までであるが、問題はその原因についての記述である。夏の猛暑に加え、堅果類(ドングリ)の凶作の周期が重なったとされているが、大きな矛盾にお気づきだろうか。

では、一般的に堅果類の実(ドングリ)がなるのはいつだろうか。私たちがドングリに気づき始めるのが10月頃、地面にたくさん落ちているのを目にするのは11月頃である。イノシシは木に登ることができないので、落下した実を食べるしかない。となると、なぜドングリの豊凶が春から夏にかけての出没データの原因になるのだろうか。クマの場合、木に登って餌を得ることができるので、落下する前のドングリも摂食することができる。ブナやコナラ、クヌギなどの実は一般的に9月以降に落下する。シイ類は9月後半から、カシ類は10月中旬に実が落下するので、樹上で摂食できるのは9月からだ。にもかかわらず、データは春からのものだ。最低でも4月から8月までの出没と、9月以降の出没状況を比較して考えなければならない。

もちろん、秋から冬ごもりまでの時期に出没が急激に増えるのは堅果類の影響が大きいかもしれない。しかし、春から夏にかけての時期の出没は別な原因を考える必要がある。**写真1**は2010年10月に撮影したカキの木である。この集落のすべてのカキの木にクマが登った痕跡があり、根元には糞もゴロゴロしていた（**写真2**）。しかし、この地域の堅果類の凶作はブナだけで、他は並作で林縁部（山際）にはアケビやヤマブドウなどが実っていた。

クマは甘い農作物が大好物

昔は山仕事があるので、雪が解けた春先に草を刈って山に入りやすくしたが、現在は公共事業によって、予算が執行できる初夏以降に草刈りを行うことが多い。草刈りの時期は、林縁部に実る野生の果実に影響を及ぼす。クマは林縁部で餌が見つけられないと、もう少し先まで探査し、人里にある甘い果実に出会ってしまう。

クマは甘いものに目がなく、ハチミツが大好き。甘いトウモロコシや、品種改良を重ねた結果、糖度が高く果肉部が大きい果実の味を覚えてしまったクマが、はじめから人里も重要な餌場と認識するようになったり、甘い作物の収穫時期や養蜂家がやって来る時期を把握していてもおかしくない。（江口祐輔）

写真1　クマの登った爪痕が付いたカキの木。

写真2　カキの木の根元にはクマの糞がゴロゴロ見つかった。

第2章
イノシシの対策

捕獲によるイノシシ対策と問題点

イノシシの捕獲頭数はうなぎ上りである。平成28年度には62万頭にも上った（⬇12ページ）。しかし、被害は減少していない。これは捕獲に頼るばかりの対策では真の被害対策になっていないことを示している。ここではイノシシの繁殖や行動特性を踏まえた「被害対策のための」捕獲の考え方について述べる。

イノシシの捕獲と被害の関係

現在の被害対策は、野生動物の個体数管理と農作物被害を減少させるための捕獲を混同している。個体数や個体密度が減少すれば、被害も減少すると考えている節がある。しかし、現在行われている捕獲は闇雲な捕獲が多く、農作物被害を減少させるものではない。これは予算の取り方にも問題がある。

今の日本の行政は机上の数値に重きが置かれている。前例はないが将来につながる新しい捕獲方法に予算を付けるよりも、捕獲1頭当たりの予算を立てて、昨年度の失敗した実績から予算を積み上げる方がすばらしいと考えるらしい。そのため、ある地域で1000頭捕っても被害が減らないとなると、翌年は捕獲目標を1500頭に設定する。目標を達成しても、やはり被害は依然として減少しないので、さらに翌年は2500頭を目標にして予算が成立する。このようなことが延々と続けられてきたのだ。

こうした「対策」を繰り返して、現在では年間1万頭以上の捕獲（特定鳥獣保護管理計画＋有害鳥獣駆除＋狩猟）を行っている都道府県は全国で2桁に上る。目標は達成されるが、本当の目的はまったく無視されたまま税金が消えていくのである。

もちろん、個体数管理は重要なのかもしれない。しかし、農作物被害対策のための捕獲とは分けて考える必要がある。

イノシシの繁殖と捕獲

イノシシに関して様々な噂や情報が飛び交っているが、真実を示しているものは少ない。例えば、被害が増加している地域では、イノシシがイノブタ化しているとか、栄養状態が良くなったり、1年に2回以上も子を産むようになったなどと言われている。

イノシシは基本的に、1年に1回しか子供を育てない（**写真1**）。秋に出産するのは、春の出産に失敗してしまった個体や、出産後すぐに子を失ってしまった個体が、秋に再度出産する場合である。この誤解は、ブタの繁殖に起因している。ブタは1年に2回以上出産することが一般的に知られている。

写真1　イノシシの親子。イノシシは基本的に年に1度しか子を育てず、出産も一度に4～5頭である。

実際に、養豚現場では、母ブタは年間に2・2〜2・3回出産する。しかし、ブタは初めからこのような特性を持つ動物だったわけではなく、元はイノシシであり、管理者である人間が無理矢理産ませているのである。

イノシシもブタも、妊娠期間は約4ヵ月(110〜120日)である。そして、出産後、母親は約4ヵ月、子に乳を与える。ここからが重要であるが、母ブタや母イノシシは授乳期間中、発情が停止する。すなわち、子を産むことも妊娠することもできないのである。妊娠期間4ヵ月と授乳期間4ヵ月を合わせて8ヵ月。1年は12ヵ月であるから、年に2回の繁殖サイクルは不可能だ。

イノシシの出産にまつわる誤解

では、なぜ養豚の世界では、年に2回以上のサイクルが可能になるのだろうか。

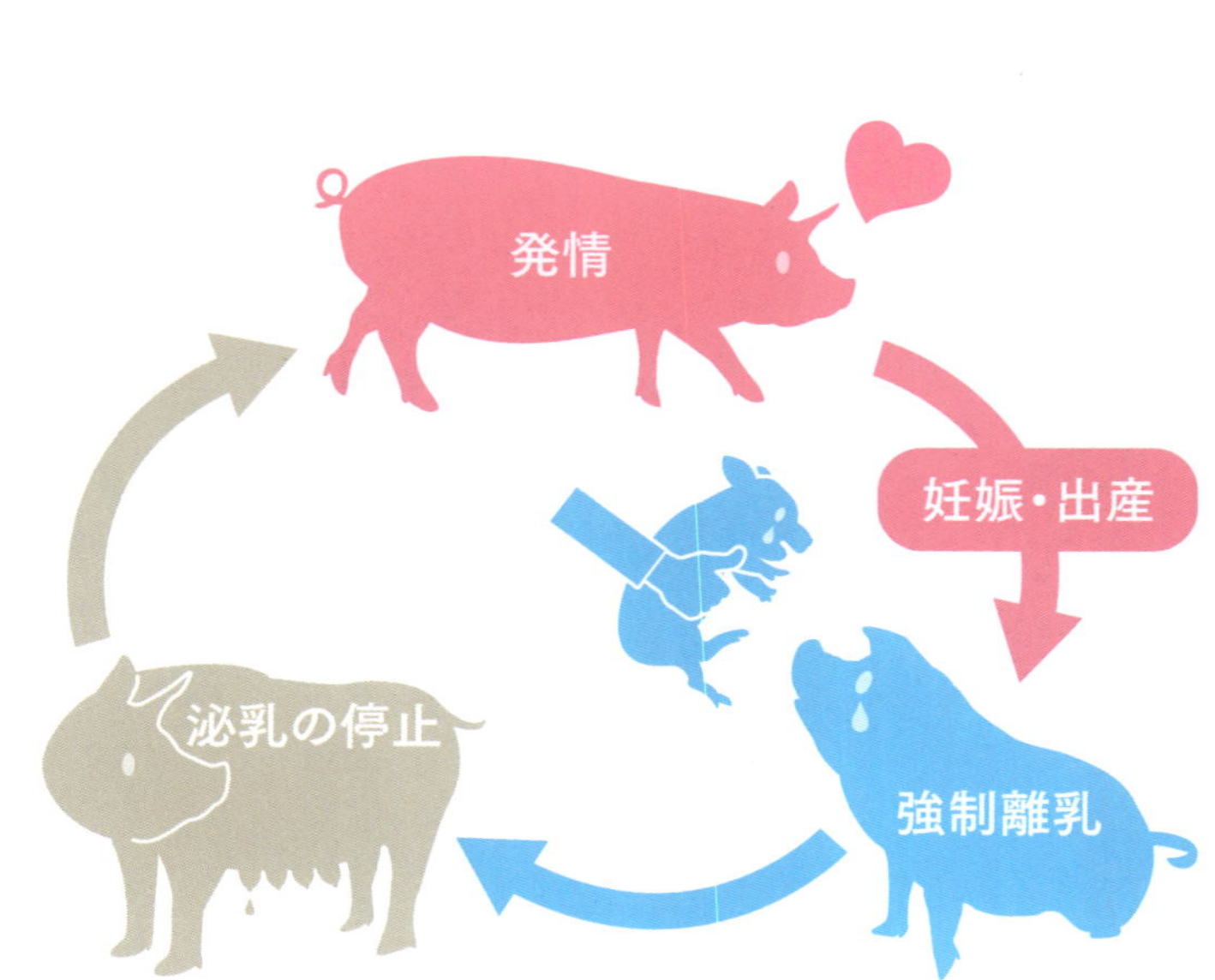

図1　養豚におけるブタの強制離乳のしくみ
イノシシの場合もブタと同様に、出産後1、2ヵ月で子供だけ母親から引き離す捕獲をしてしまうと、母イノシシの泌乳が止まり、発情が再開する。

養豚の場合、出産後3週間から4週間で、授乳中の母子を引き離す「強制離乳」(**図1**)が行われる。引き離された子ブタは人工乳で育てられる。子供を失った母ブタは乳を与える必要がなくなったため、泌乳が停止する。すると、数日後に母ブタの発情が戻るのだ(発情回帰)。したがって、4ヵ月の妊娠期間と約1ヵ月の授乳期間、合わせて5ヵ月の繁殖となり、年間2回の繁殖サイクルが可能になる。多産の象徴であるブタでも、実際は人間が無理矢理産ませているのである。

また、イノシシが1回の分娩で、ブタのように10頭以上産むようになった、などと噂されるのをよく耳にする。これは猟師や農家が母イノシシ1頭と子イノシシ10頭以上を目撃している場合などもあり、もっともらしく聞こえるが、実は複数頭の母イノシシが人の目に入らないところに必ず隠れていると考えるべきである。

筆者も1頭の雌が10頭以上のウリボウを連れているところを何度も目にしているが、その後、継続して観察すると、必ず複数の母親が確認できた。茂みから入れ替わり立ち替わり、母親が出てくることが多い。

税金をドブに捨てる捕獲対策とは?

イノシシの繁殖特性を考えないと、被害対策どころか被害の助長につながることもある。春から夏にかけて、行政が有害駆除や特定管理計画で、イノシシを捕獲するために捕獲檻を仕掛ける。すると、ウリボウだけが4頭、5頭と兄弟まとめて捕まることが多い。イノシシを捕まえた結果、捕獲者や農家はこれで春の出産を帳消しにできた、と喜んでしまうことが多いのだが、これは被害対策としては大失敗の捕獲となる。

前述のイノシシの繁殖特性を考えると、出産後1、2ヵ月で子供だけ母親から引き離す捕獲をしてしまうと、母イノシシの泌乳が止まり、発情が再開する。捕獲がまさに、養豚の「強制離乳」を代行してしまうのだ。そして、雌は雄と交尾し、秋に再び子供を産むことになる。個体数も被害も減らないのに、行政は税金からひねり出した報奨金を捕獲者に払うのである。

さらに、こうした人間の間違いによって秋にウリボウを見かけることが多くなり、「イノシシは何回も子を産むようになった。もっとたくさん捕獲してくれ」となる。そして翌年は、より多くの強制離乳が行われてしまうのである。

人間がイノシシに捕獲の手口を教えている

農作物被害を減らすためには、考えなければならないことがいくつもある。大きなイノシシが1頭、檻に入ったとする。趣味の狩猟であれば大成功である。しかし、有害駆除となれば話は違う。例えば、大きな80kgの雌を捕まえたとしても、被害は減らないどころか助長しかねない。

雄を捕まえた時は、被害対策が成功したと言っても良い。なぜなら、雄は普段から単独で行動しているからである。しかし、雌は血縁関係にあるグループで行動している。雄が捕獲された時は他の個体はその現場を見ていないので問題はないが、雌の場合、1頭だけ捕獲してしまうと、周囲で仲間が終始見ており、捕獲の手口を学習するのである。

駆除対策の開始当初はどんどん捕れたが、そのうちだんだん捕れなくなり、雄ばかりが捕獲されるようになることが多い。雄が檻に入っても、すぐに処分しないで数日そのままだと、通りがかりのイノシシがやはり学習してしまう。

餌付け・人慣れが進んだイノシシを捕獲するには

頻繁に田畑へ侵入し、農作物を荒らすイノシシは、人慣れ度合いも強い。このような図々しいイノシシは、捕獲体制を強化するだけでは捕まらない。考えてみて欲しい。人里では山よりも格段においしい餌が手に入る。山では毎日5時間も6時間もかけて、土を掘り返し石を転がして小さな食べ物を少しずつ得る。根をかじったり、小さな生き物を食べたりと決して効率が良いとは言えない。それでも長時間の餌探しによって、何とか生きながらえる量を得るのである。

それに引き替え、人里には栄養価が高く味も良い、そして短時間で満腹になる環境がある。人里に慣れた百戦錬磨のイノシシが、捕獲檻の餌に気づいたとしても、怪しむだけで檻に入ることはない。それよりも、目の前に広がる出入り自由な行きつけの田畑を選択するのは当たり前である。しかも、檻の中の餌よりも、地面に植わっている作物のほうがずっと新鮮でおいしいはずだ。

最も手強いイノシシを捕獲したいのであれば、集落内にあるイノシシの潜み場所や、餌になっているものを取り除き、イノシシの行動特性を考慮した柵の正しい設置を行うことが重要である。百戦錬磨のイノシシも、人里や田畑に容易に侵入できなくなれば空腹になり、檻の中の餌も選択肢の1つになるからだ。田畑や集落の管理が、強力な捕獲方法になるのである。

（江口祐輔）

行動特性を考慮した防護柵設置

イノシシの被害対策の1つに防護柵の設置がある。防護柵は非常に有効な対策であるが、イノシシの行動特性を考慮して正しく設置しなければ、その効果はなくなってしまう。この項では、効果的な防護柵設置と製作方法などについて紹介する。

柵の高さだけにこだわるな

農地に柵を設置する時、柵の高さを気にする方が非常に多い。イノシシにはどのくらいのジャンプ力があるのか気になるようだ。以前、私が行った跳躍力の測定試験では、イノシシは餌を得る場合、最大で120cmの障害物を跳び越えることができた。しかし、試験中なかなか跳んでくれないイノシシを観察してわかったことは、「イノシシはジャンプをしたくない」という事実だ。

イノシシに限らず、シカなどの大型野生動物も同様である。生きるか死ぬかの場面であれば、野生動物は彼らの能力を最大限に発揮し、すばらしい跳躍力を披露して逃げるであろう。しかし、彼らは警戒心を持って周囲の安全を確認した上で餌を探している。そのような場合は極力跳躍を避ける傾向にある。さらに、イノシシは危険にさらされた場合と違い、餌を得るために助走をつけて跳ぶことはまずない。

また、奥行きのある障害物に対してイノシシがどのような行動を示すのかを調査した場合でも、障害物が複雑になっていくと、障害物が低くてもその下をくぐり抜ける傾向が認められた（**写真1**）。

実験では、高さ20cm、奥行き1mの金網の障害物でも、イノシシは無理矢理その下をくぐり抜けた。体の大きな野生動物はジャンプした後の着地に気を遣う。足場の悪い山の中で、障害物となるものをいちいち跳び越えていては、足に怪我を負ってしまう可能性が高くなる。ねんざや骨折が起きれば、餌探しの効率が悪くなるばかりか、敵に追いかけられた時に逃げ切ることが困難になるなど、命にかかわる状況に追い込まれる。できる限り跳躍しないのが、野生動物にとって生き残るために重要なのだ。特に、イノシシにはその傾向が強いため、柵を張る時はそれほどジャンプ力を気にする必要はない。

高さよりも接地面が大切

柵を張るうえで、高さよりも気にしなければならないのは接地面である。柵と地面の接するところの隙間をいかになくすかが重要なポイントである。イノシシはいきなり柵を跳び越えることはしない。まずは環境が変化したことに警戒して、柵を遠目に観察する。柵が危険なものでないと判断すると、柵と地面の間に隙間があるかどうかを丹念に探査する。そして5㎝でも隙間があれば、鼻を入れて隙間を押

写真1　イノシシは障害物の下をくぐり抜ける。

写真3　イノシシがくぐり抜けた金網。

写真2　トタンの下をくぐり抜けて侵入。イノシシは障害物が低くても、その下をくぐり抜ける傾向が認められた。

し広げようとする（**写真2、3**）。この時、柵がガタガタと動くようなら、イノシシはさらに興奮して柵をこじ開けようとする。「このぐらいの隙間ではイノシシは通らない」と考えるのは、明らかに間違いである。

イノシシの侵入を防ぐ方法は、柵の接地面に長い竹やビニルハウスの支柱となる単管パイプなどを固定し（**写真4**）、イノシシが柵の一部を押し曲げることができないようにするのが一番である。また、アンカー（杭）を打つ時は、まっすぐ下に向かって打つのではなく、**図1**のように斜めに打つ必要がある。イノシシは金網などに鼻を引っかけると、上（垂直）方向に持ち上げようとする。その際、アンカーがまっすぐ地面に入っていると抜けやすい。また、作物側に向かって斜めに打ち込むと、イノシシが力一杯、頭で柵を押した時にブレーキが掛かりやすくなる。キャンプでテントやタープを固定する際に、杭を斜めに入れることで抜けにくくする要領と同じである。

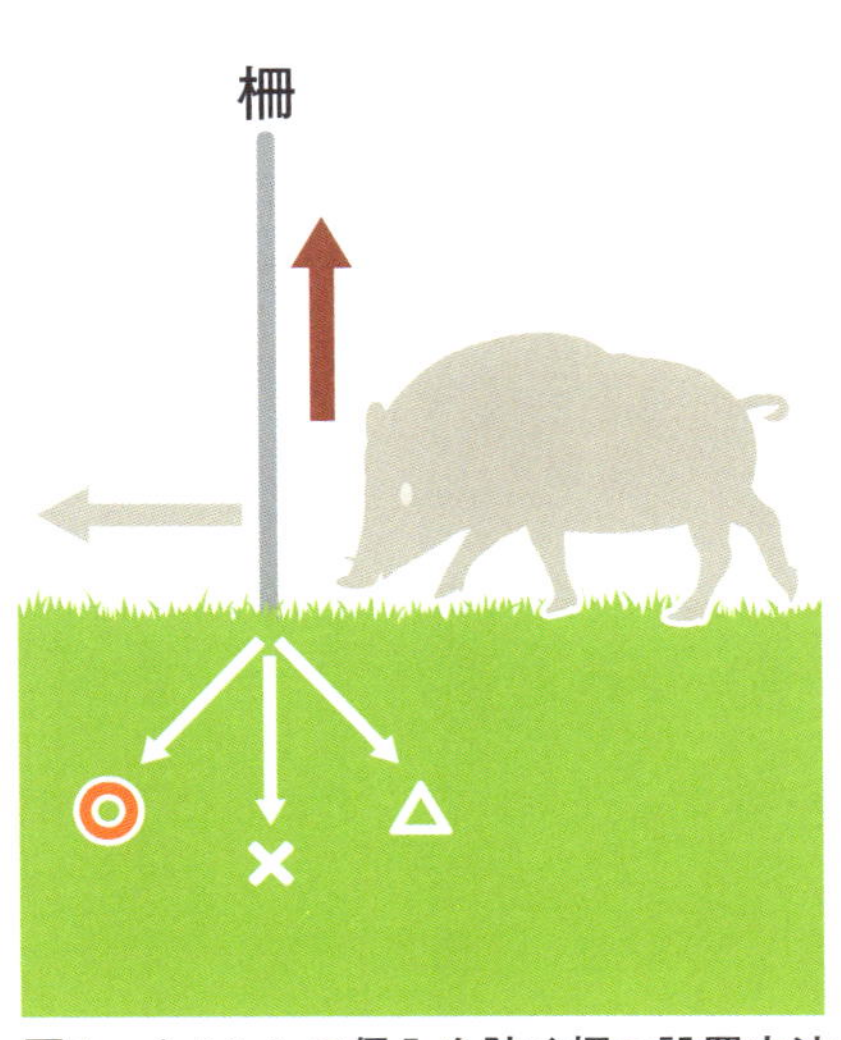

図1 イノシシの侵入を防ぐ柵の設置方法
さらに柵を単管パイプなどで固定すると、より効果的。

写真4 柵の接地部分に長い棒状の資材を固定してイノシシのくぐり抜けを防ぐ。

ワイヤーメッシュを賢く使う

1 ワイヤーメッシュの特徴

ワイヤーメッシュ（溶接金網）は、鉄棒を縦と横の棒を溶接で格子状にした金網である。もともとは建築資材として流通しているものしかなかったが、現在では獣害対策用として販売されているものも少なくない。ただし、獣害対策用のワイヤーメッシュのほうが良いかというと、必ずしもそうとは限らない。

ワイヤーメッシュを選択する際に重要なのは、格子（目合い）の大きさと、金棒の直径（線径）である。格子のサイズは様々だが、10㎝四方や15㎝四方の格子を目にすることが多い。15㎝格子の場合、生後半年経過したイノシシでもくぐり抜けられる。子供が田畑に侵入すると、親もしつこく侵入しようとする。たとえ侵入されなくても、メッシュ柵を長時間いじられることになるので、耐久性に問題が出てくるため、できるだけ早く野生動物に田畑への侵入をあきらめてもらえる10㎝格子以下の柵の設置が重要である。

線径も3・2㎜、5㎜、6㎜など、いくつかの種類がある。線径が太いほど丈夫になるが、重量も増していくので、取り扱いは難しくなるため、女性や高齢の方が5㎜や6㎜径を使うのは大変だと思う。3・2㎜径は軽く、取り扱いが楽なのでおすすめだが、強度に欠点がある。また、野生動物が下から無理矢理くぐり抜けるのを防ぐために、必ずメッシュの接地面にパイプや竹など、棒状の資材を固定する必要がある。体力も予算にも余裕のある方は5㎜径以上の選択も良いが、丈夫な柵だからと過信は禁物だ。

2 ワイヤーメッシュの選び方

ワイヤーメッシュの格子のサイズは、動物によって使えるサイズが異なる。イノシシに対しては10㎝四方の格子か、それ以下のサイズを選ぼう。15㎝四方の格子では春に生まれた子イノシシが、秋まで育っても通り抜けることができる。ワイヤーメッシュ柵は本来、大型の野生動物の侵入防止に適した柵なのである。

3 ワイヤーメッシュには裏表がある

ワイヤーメッシュを防護柵に用いる場合、メッシュの裏表にも注意したい。柵を設置する際にワイヤーメッシュの向き（表と裏）を確認しよう。イノシシなど多くの動物は、紐やネットを噛むと引っ張る行動が認められる。動物は4本の足で踏ん張るので、引く力はかなりのものだ。農地側に縦線、農地の外側(野生動物側)に横線があるように設置してしまうと、動物が噛みやすい横線を引っ張り、溶接部分が外れてしまうことがある。そこで、農地側に横線、農地の外側(野生動物側)に縦線がくるように設置すれば、溶接が外れる危険性が減少する。

補助事業等で広域柵に利用されるワイヤーメッシュの耐用年数は、「農林畜水産業関係補助金等交付規則」および「減価償却資産の耐用年数等に関する省令」により、14年となっているそうだ。鳥獣交付金等の整備事業を実施する際には、耐用年数の間、効果を期待できる製品を用いるとともに、十分に性能が発揮されるよう、適切な管理を行うためにもワイヤーメッシュの裏表に注意して設置する必要がある。

4 長方形の格子に注意

防除効果が高いワイヤーメッシュ柵は正方形の格子状のものである。もちろん小さな長方形と大きな正方形の格子では小さいほうが良いのだが、格子の面積が同じであれば正方形の方が防除効果は高く、長方形は壊されやすくなる。

例えば、10cm格子の面積は100㎠。縦が50cmで横が20cmの長方形も面積は同じだ。建築資材としてのワイヤーメッシュは正方形の格子だが、近年、鳥獣害用の製品として販売されているワイヤーメッシュの格子は横長の長方形のものが多く、縦が5〜6cm、横が21〜22cmなどがある。面積は105〜132㎠で、10cm四方の正方形の面積よりも大きい。売る側からすれば、格子の面積を大きくすればワイヤーメッシュに使う原料費が下がるので利益が上がるが、被害対策の効果としては不都合が生じる。一般に長い棒のほうが短い棒よりも折ったり曲げたりしやすいので、横長の長方形格子は噛みやすい上に壊しやすくなる。実際に筆者が行った試験でも、野生動物は面積が同じであれば、正方形よりも長方形の格子に対して構う時間が増えたり、くぐり抜けようとした。

5 地際の補強が重要

雄のニホンイノシシが鼻や頭で物を押したり、持ち上げる力は70kgにも達するため、接地部を補強していないワイヤーメッシュ柵は地際を押し開けられることがある。これは柵の接地部を補強することで、くぐり抜けを防止できる。鉄パイプと柵を密着させるために、金網を支柱とパイプで挟み、最下部を結束バンドで取り付けるとよい。鉄パイプは22㎜径や25㎜径のビニールハウス用の支柱が使いやすいが、竹の間伐材などを使うこともできる。

行動特性を考慮した金網折り返し柵

これまで筆者が行ったイノシシの運動能力試験の結果、イノシシは跳躍能力に優れ、高さ1m以上の障害物を跳び越えることができることがわかった。そして、跳躍する際に一度停止して、障害物とその内側の餌、さらには障害物の高さの確認を繰り返してから跳躍すること、障害物から約30㎝の場所で踏み切ることも明らかになった。また、イノシシは奥行きのある障害物に対しても探査を繰り返し、跳躍行動よりも障害物の下をくぐる行動を選択することがわかった。すなわち、障害物に奥行き感を持たせたり、踏切位置を特定させないことで、イノシシの跳躍行動の制御が可能であることが示唆された。

そこで、一般に広く防護柵に用いられているワイヤーメッシュ（高さ1m、幅2m）において、その上部30㎝を外側へ折り返すことで、イノシシの跳躍行動を制御できるかどうかを調査した（**写真5**）。

その結果、跳躍するイノシシはいなかった。イノシシは折り返し柵に近づき、跳躍するのに適した位置で立ち止まる。次に頭部を上下に振り、柵までの距離と柵の高さを確認するが、柵の上部が覆いかぶさるように折り返してあることで、イノシシは後退する。すると、地面から垂直に立っている部分との距離が遠ざかり、踏み切ることができなくなる。柵に近づいた成獣は、頭部を上げて柵を見上げた後は柵の上部に関心を示さずに、柵の設置面や柵周辺の探査を行うばかりであった。

また、上部を折り返すことで実際の柵の高さは1割ほど低くなる（90㎝弱）が、イノシシの目線から見上げると錯視効果が働き、実際よりも柵が高く見えてしまうようである。これらのことからイノシシの跳躍行動が制御できたと考えられた。

この調査は9月から行った。春に生まれた約半年齢の幼獣は、15㎝の網目では柵の中へ通り抜けることができた。そこで、試験後半は網目を10㎝にしたところ、幼獣も通り抜けることはなくなった。網目15㎝および10㎝における成獣の柵周辺の滞在時間は、幼獣が侵入できた15㎝に比べて、侵入できなかった10㎝では4分の1に短縮された。イノシシはすぐに餌をあきらめるようになったのである。

イノシシの学習能力は非常に高く、イヌやウマに匹敵すると言っても過言ではない。したがって、被害対策を行う際は心してかからなければならないが、基本に忠実に正しく対策を行えば、他の野生動物に比べてあきらめも早いのである。

（江口祐輔）

写真5 ワイヤーメッシュの上部30cmを外側に20°～30°折り返すことで、イノシシの跳躍行動を制御できる。

電気柵の特徴と設置実例

この項では、イノシシ対策に広く利用されている電気柵の設置の詳細を紹介する。イノシシ用の電気柵設置技術は、他の動物で電気柵を使用する場合の基本技術でもあるので、ぜひ知っておいていただきたい。

電気柵の特徴

電気柵は、囲い柵のなかで唯一イノシシに対して攻撃（電気ショック）を加えることができる。しかし、いつでも、どこでも簡単に設置できるというわけではない。いくつかの約束事を守った時に、初めてその効果が発揮される。**図1**は電気柵の基本構造、**写真1**は基本どおりに設置された電気柵の例である。

市販されている獣害対策用の電気柵は、生命に影響のないように設計されているので、人間が誤って触れた場合、ショックは大きいが命にかかわるほど危険なものではない。これは電柵器本体から発する電気がパルスになっているからだ。電気が常に流れているワイヤーを人が誤って握ってしまった場合、筋肉が硬直してそのまま握り続けてしまい、大量の電気が体内を流れて生命にかかわる可能性が出てくる。市販の獣害対策用の電気柵は、たとえワイヤーを握っても瞬間的に手を離すことができるように、間欠的に電気が流れる仕様になっている。あるメーカーの仕様では、通電間隔は1・0～1・3秒、1回当たりの通電時間は100万分の10～30秒である。

電気柵で事故が起きるのは、このような仕様を知らずに、電気ならば何でも良いと考えてしまい、家

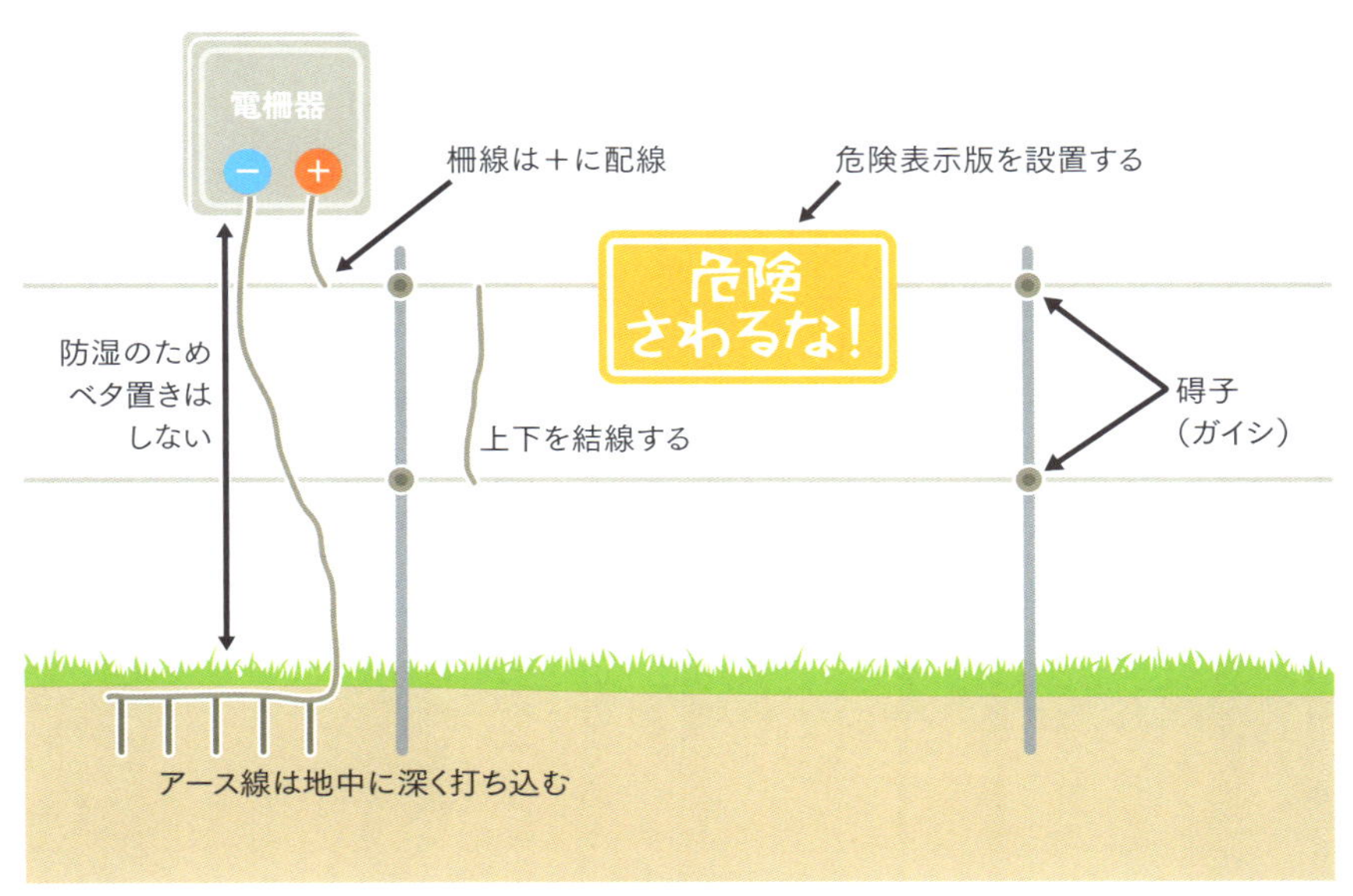

図1　電気柵の基本構造

庭用の電源から直接電気を引くような違法行為を行った場合である。家庭用電源から引く場合は、専用の機器が販売されているので、それを通さなければならないことを覚えておきたい。

電気柵は電化製品よりも、釣り竿に近いと考えた方が正しい使い方ができる。どんなに高級な釣り竿でも、獲物に合った糸を選び、適切な仕掛けを付けるものだ。環境条件によっては、この仕掛けを試行

写真1　基本どおりに設置された電気柵。

錯誤しながら付け替えなければならない。まさに、電気柵設置にもこのような考え方が必要なのである。

電気柵設置のポイント

1 イノシシの鼻先に触れさせる

イノシシの剛毛かつ密な毛皮は、電気を通しにくい。つまり、鼻先以外の体毛のある部位で柵線に触れても、ほとんどショックを感じないのである。電気柵を張ったから安心と考えてはいけない。

2 鼻から入って足から出ていく

イノシシの鼻先に柵線が触れれば良いのだろうか？　実は、それだけでは不十分である。鼻先からイノシシの体に入った電気が足先にたどり着き、足から地面に抜けて初めて『ビリビリッ』とショックが起きる。だからアース線の設置も忘れてはならない。電柵器には本体から地面に埋め込むアース線が付属している。地面に埋め込むための短い棒が複数繋がっているものは、それぞれの棒をできる限り離して埋め込む。長い金属棒が1本だけのものは、できるだけ深く打ち込む。アースを地面に打ち込む時は「深く・広く」を心がけて欲しい。アースが効けば、電気柵の効果がより高まる。

3 柵線の高さに注意

支柱を2～3mおきに立て、地面から20cmと40cmの高さに柵線（ワイヤー）を張る2段張りが、一般的な電気柵の構造である（**図2**）。イノシシの運動能力を考えると、高さ40cm（2段張り）では不安になる人も多いが、心配する必要はない。イノシシは初めてのものに対して、まず鼻で触る習性があるため、いきなり飛び越えることはしない。イノシシの成獣が佇立姿勢のときの鼻の位置は、地面から約40cmの高さである。したがって、高さ40cmのところに柵線があれば、イノシシは柵線を鼻で触りやすくなるのだ。それでも心配な方には、20、40、60㎝の3段張りをおすすめする。地面からの高さが30㎝と60㎝の30㎝間隔で柵線を張っている田畑をよく見かけるが、これでは被害を助長する原因になってしまう。夜間、電気柵の柵線は細くて見えにくい。イノシシが目の前の畑に気をとられて柵線を見逃すと、鼻先は柵線の間を通過してしまい、電気ショックをほとんど感じない毛の生えている部分に触れるだけになるからだ。

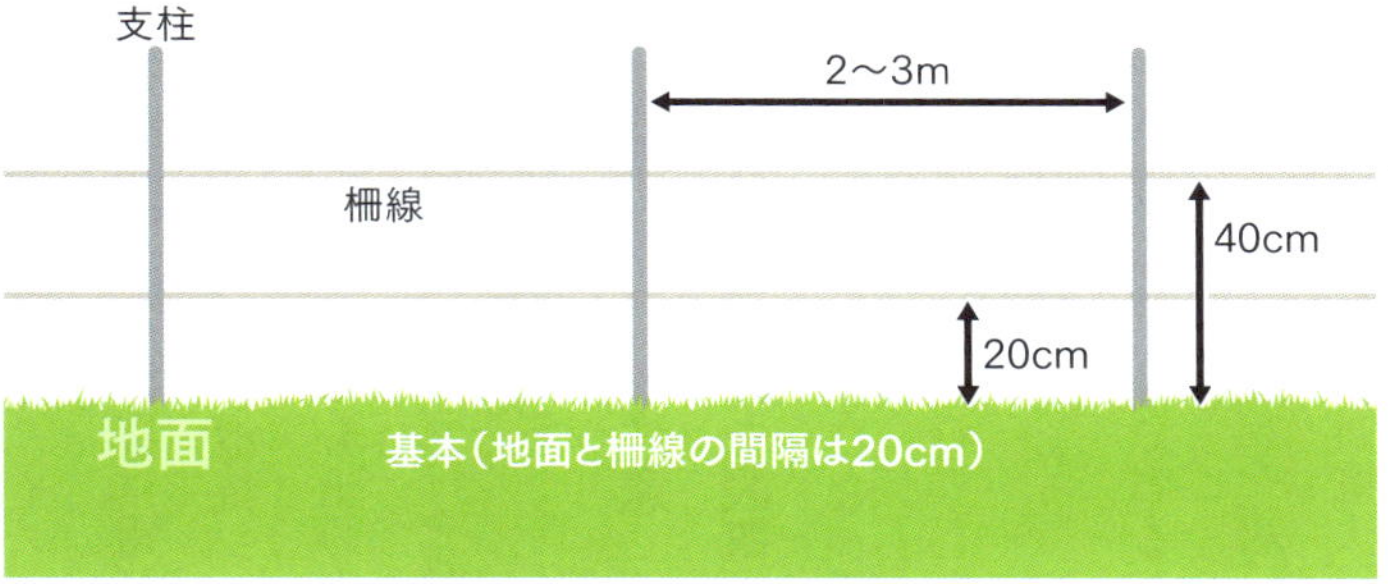

支柱
2〜3m
柵線
40cm
20cm
地面
基本（地面と柵線の間隔は20cm）

図2　一般的な電気柵の張り方

4 ガイシを取り付ける向きが重要

電気柵に近づいたとき、すぐそばに支柱が立っていると、イノシシは柵線よりも先に支柱を触る傾向がある。このときに支柱が押し倒されてしまうことがあるので、ガイシの向きを考えながら電気柵を設置することが重要となる。ガイシを内側（作物側）に設置してしまうと、イノシシは柵線にまったく触れることなく支柱を押し倒すことが可能だ。ガイシを外側（イノシシ側）にすれば、イノシシは支柱を触りながらガイシの柵線にも触れる確率が高くなる。

5 舗装道路沿いの支柱の位置に注意

舗装道路沿いの田畑に電気柵を張る場合、道路際に支柱を立てることが多い。これは耕作面積を欲張って損をする典型だ。イノシシが電気柵に鼻で触れた時、イノシシの足場は電気の通りにくい舗装道路の上にあり、大きな電気ショックを与えることができない。前肢だけでも土の上に立つように舗装道路から50㎝以上内側に支柱を設置すべきである。

6 漏電と絶縁に注意

せっかく電気柵を設置したのに、雑草などが柵線に触れて漏電状態になってしまうことがある。下草の管理は定期的に行うことが大切だ。下草が伸びても柵線に触れないよう、地面にマルチなどのシートを被せるのも一手であるが、この時重要なのが、電気を通しやすい素材を選ぶことだ。

また、こまめに通電状態をテスターで調べること。1ヵ所ではなく、必ず複数箇所の離れた場所で通電状態を調べる。テスターは柵線に引っかけるだけの簡易なものはすすめられない。必ずアース棒の付いたものを使用し、チェック時にアース棒を地面に刺すだけではなく、アース棒を横にして地面に押しつけて測定する必要がある（**写真2**）。これは地面の乾燥状態や枯れ葉などの状況によって、実際にイノシシが触れる地面（地中ではない）における通電状態を把握するために行う。

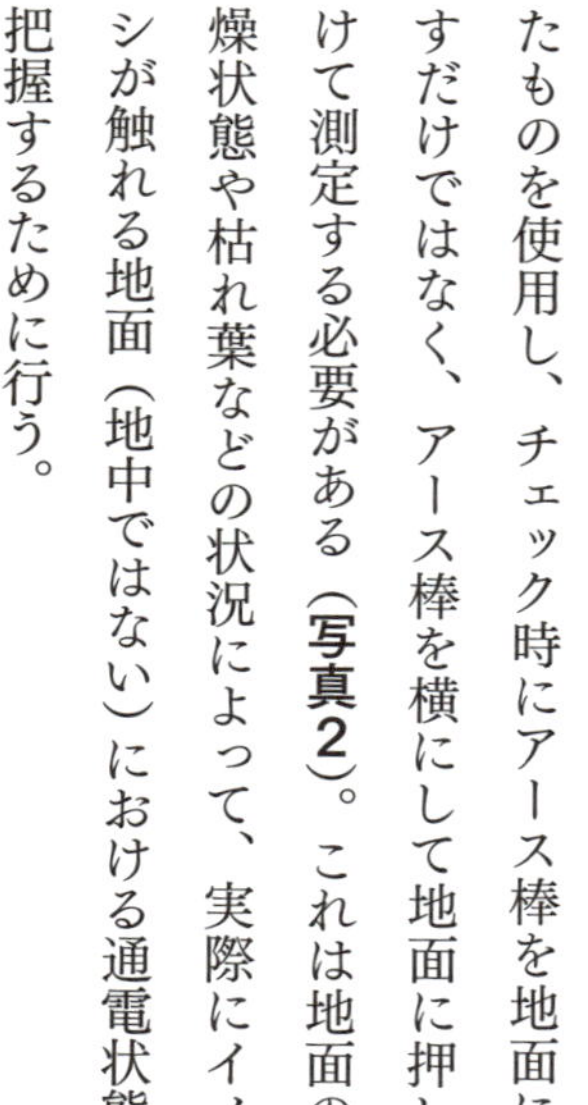

写真2　テスターはアース棒を地面に刺して使うだけでなく、地面に押しつけて測定することも必要。

7 凹凸面では支柱を惜しまずに使う

柵の設置場所が平坦とは限らない。凹凸のある場所では、特に支柱の設置間隔に気を遣いたい。電気柵の説明書に、支柱の設置間隔が記載されていると思う。地面が平らの場合は説明書の通りで良いが、凹凸のある地面の場合は、**図3**のように一定間隔で支柱を設置してしまうと、所々イノシシが通り抜けられるような大きな隙間が開いてしまう。こうした場合は支柱を追加して、柵線が常に地面から同じ高さになるように作ることを最優先に考えて欲しい。

8 24時間通電を忘れずに

イノシシは本来昼行性だが、慣れれば昼に出没することもあるため、24時間通電させることが基本である。また、収穫後、電気を切ったまま柵を放置すると、もう電気は通らないと確信したイノシシは鼻先で触れず、そのまま通り抜けるようになる。体毛が触れても電気はほとんど通らないので注意が必要である。電気柵は設置直後から通電し、電気を切ったらすぐに片付ける。片付けられない時は作物がなくても通電を心がけて欲しい。

（江口祐輔）

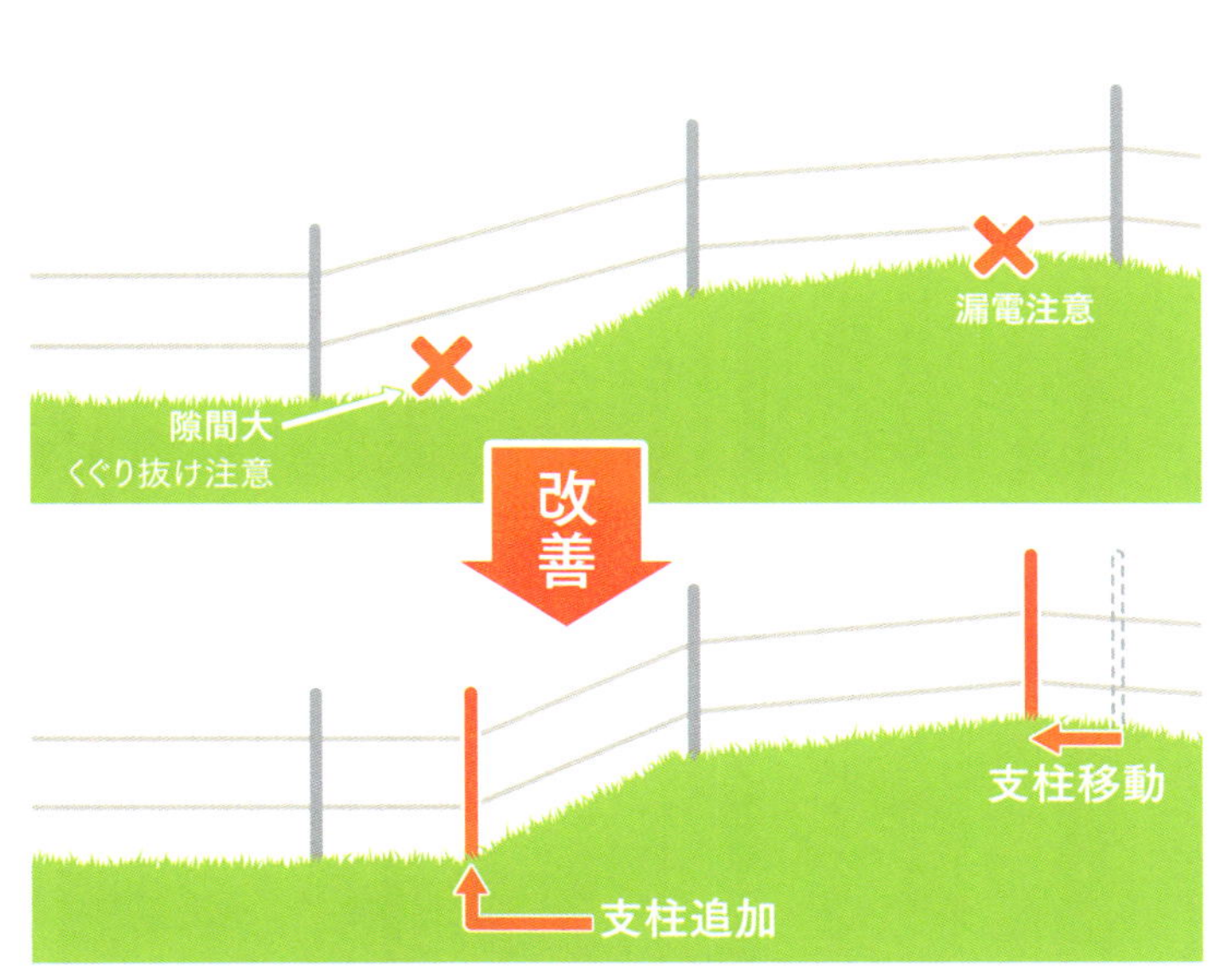

図3 凹凸のある地面では支柱を効果的に設置する

防護柵設置のポイントと注意点

イノシシの被害対策として防護柵・電気柵の設置は非常に有効な対策であるが、イノシシの行動特性を考慮して正しく設置しなければ、その効果はなくなってしまう。実際に柵を設置している農地を見て回ると、残念なことに設置ミスをしたものも多く見られる。ここでは柵を設置する際の注意点などをまとめた。

高さより潜り込み対策を重視

イノシシの跳躍能力は高く、成獣は1・2mの高さの壁を助走なしで飛び越えることができる。この情報だけを聞くと、イノシシの侵入を防ぐためには、柵の高さをそれ以上にしなければならないと考えてしまうかもしれない。しかし、イノシシ対策にはこのような高さの柵は必要ない。なぜなら、イノシシは優れた跳躍能力を持っているが、柵などの障害物を飛び越えて侵入することはほとんどないからである。

イノシシにとって脚の負傷は、動けなくなり餌を探すことができなくなるなどの生死にかかわる大きな問題となる。そのため、跳躍という行動は脚を怪我する可能性が高くなり、イノシシにとって非常に慎重にならざるを得ない行動であり、柵に対しても積極的に跳ぶという行動をとることはない。

では、イノシシはどのような方法で柵を突破するのか？　それは、地面と柵の間にできた隙間から潜り込んだり、柵の連結部分などにできるほんの少しの隙間をこじ開けて侵入することがほとんどである（**写真1**）。イノシシにとって、障害物の下をくぐり抜けたり隙間を通り抜けたりするほうが負傷のリスクが低く、安全であるため優先する行動である。このような視点から考えると、柵の隙間から潜り込み侵入する行動は、イノシシにとってごく自然な行動であり、防護柵は高さよりも潜り込まれない対策を重視すべきである。

防護柵設置の基本は、柵の下部や連結部分に隙間を作らないことである。特に地面に凹凸がある場所や斜面等により地面の角度が変化する場所では、柵と地面との間に隙間ができやすいため、資材を追加する等の補強が必要となる。農地の四隅や柵の角ができる部分では柵と柵の間に隙間ができることが多いため、注意が必要である。

写真１ 柵の連結部分にできた隙間。

ワイヤーメッシュ柵の場合、連結部でワイヤーメッシュを重ねずに設置することが多く、この連結部は隙間が発生しやすいため、イノシシによく狙われる。ワイヤーメッシュの連結部では1格子重ねて設置することが必要である（**写真２**）。

地面と柵を固定するためにペグ等を打ち込んだり、柵下部に補強材（廃材の金属パイプや竹材などでも可）を取り付けることも有効な方法である。特にイノシシの出没が頻繁に確認できる場所に面した箇所は、このような方法で柵を強化したほうが良い。

また、著者らの研究により、イノシシは潜り込んで柵を突破すると、その後、執拗に侵入しようと試みるようになることがわかったため、柵の補強はイノシシに侵入されてからではなく、柵を設置してすぐに行ったほうが効果は高くなる。侵入された場合でも、できる限り早急に侵入箇所の補修を行い、その後1週間程度はイノシシがそこから再侵入を試みる可能性が高まるため、頻繁に状況を確認して欲しい。

写真2　ワイヤーメッシュの端は1マス重ねて設置する。

写真3　イノシシが登った護岸ブロック。蹄の跡が残っている。

護岸整備された河川からも侵入

コンクリートやブロックで護岸整備された河川や水路からイノシシが侵入することはないだろうと考え、そこに防護柵を設置していない場所も多くある。しかし、そのような場所からもイノシシは侵入する。特に護岸ブロックを積んで整備された場所では、イノシシがブロックの繋ぎ目の凹部に蹄を引っ掛けて駆け上がるようにして侵入する（**写真3**）。

このような場所では斜面が直角に近い角度でも、3mくらいの高さであればイノシシが上がってくる可能性がある。また、コンクリートで整備された足掛かりのない水路でも1mほどの高さであれば、イノシシは前肢を壁の上に乗せ、後肢で壁を蹴りながらよじ登るようにして上がる。

これらのイノシシの行動やこれまでの侵入事例から考えると、現状では侵入がない河川や水路でも侵入される可能性があるため、河川や水路に沿った防護柵の設置を強く推奨する。

柵の効果を高める視覚的遮断

イノシシの嗅覚が優れていることはよく知られているが、餌を見つけ出すことに視覚を非常に重要としていることはあまり知られていない。柵の中に餌が見えている状態と見えていない状態では、イノシシは見えている柵の周辺で長く滞在することがわかっている。

電気柵やワイヤーメッシュ柵は防護効果が高いものの、柵内の農作物が丸見えで、イノシシにとっては、「中に入りたい」「食べたい」という意識を増幅させており、侵入のチャレンジを繰り返すこともある。電気柵やワイヤーメッシュ柵の効果をより高めるためには、これらの柵に視覚的遮断（目隠し）を施すことも有効である。

電気柵の場合、柵の内側（農地側）にトタンや寒冷

写真4 目隠し効果を発揮する電気柵とトタンの組み合わせ。

紗などを張ることで目隠し効果が得られる（**写真4**）。さらに、二重の柵になることで奥行きができるため、イノシシの跳躍を抑制することもできる。また、イノシシが電気ショックを受けて前に突っ込み、偶然に農地に入ってしまうことも視覚的遮断により防ぐことができる。

ワイヤーメッシュや金網柵の場合、柵の下から50～60㎝を遮光ネットや寒冷紗などで目隠しすることにより、イノシシの侵入意欲を大きく軽減できる。さらに、被害の発生初期にこのような目隠し効果の高い柵を施すことにより、イノシシに農地を餌場として認識させない効果もあるため、被害を深刻化させない有効な対策である。

臨機応変な柵設置と農地周辺の環境管理が重要

ここまでに紹介した防護柵の設置方法は、イノシシの行動を考慮したものであるため防護効果は高いが、実際に設置する農地には地形などに様々な制約があり、正しく設置しにくい場合も多い。しかし、このような場合でも、人間目線ではなくイノシシの目線になり、イノシシの行動を考えて臨機応変に対応すれば、非常に効果の高い柵を設置することは可能である。

また、設置した防護柵に耕作放棄地やヤブなどが隣接しているような状態では、イノシシはそこに身を隠して接近できるため、柵をじっくり観察し侵入を試みる機会が増える。この状況では、いくら効果的に防護柵で囲っても、イノシシに突破される可能性が格段に上がってしまう。柵周辺のヤブを刈り払うことは、柵の管理がしやすくなるとともにイノシシが落ち着かない環境にもなるため、どの種類の防護柵を設置する上でも非常に重要なポイントとなる。

（堂山宗一郎）

「地域ぐるみ」のイノシシ対策とは？

近年、日本全国の様々な地域で「地域ぐるみの対策」うたわれているが、「地域ぐるみ」がとても狭く解釈されている。「地域ぐるみ」で一番大切なことは、まず、みんなで対策について共通の認識を持つことだ。

3つの対策パターン

実際によくある地域ぐるみ対策のパターンは、次のようなものである。

❶放任果樹、残渣の捨場所、耕作放棄地、イノシシの痕跡を地図上に書き記す。

❷草刈り等の環境管理を定期的に行う。

❸広域柵を張る。

みんなで集まってこれらの対策を行うが、もちろんこれはあくまでも一例であって、必ずしもこうしなければならないということではない。

①の場合、誰がどこに住んでいて、どこが誰の農地か、どこにどんな木があるか、すでに住民たちが把握していることが多い。地図上に落とさなくても、現地を周りながらイノシシの餌付けになってしまうものを確認してもよ

鳥獣による農作物被害金額では、イノシシは毎年トップクラス。

い。大切なのは、知らず知らずのうちにイノシシの餌になっているものが集落には多く存在することを認識することである。

②はとても大切なことだが、ひとつやり方を間違えると「地域ぐるみ」が崩壊する。毎月第1日曜日に集合するなどの約束事をきっちり決めすぎてしまうと、そのうち出席を取り始める。

そして、「私は毎回参加しているのに、Aさんは半分しか来てない」、「Bさんは全然参加しない！」などと不満がたまり、地域ぐるみどころか喧嘩の原因になってしまう。年齢、経験、性別、健康状態など、個人個人に合った取り組みを互いに理解しながら行わないと長続きしない。

③は補助金の関係もあろうが、とにかく広域柵という選択肢ばかりである。

地域ぐるみの対策でも農地ごとに柵を張っても問題ない。広域柵を張るには、地域全体の合意形成が必要であり、点検管理の計画も作らなければならない。将来的な補修計画も必要だ。その場合は補助金は期待できないだろう。

しかし、もともと地域ぐるみに広域柵と個別柵の区別はない。イノシシから農作物を守れる柵を作ることが、本当の意味での地域ぐるみである。

本章で、これまで述べてきた柵設置の基本を地域住民同士で教えあって、地域ぐるみ対策が継続しやすい柵を選択してほしい。

（江口祐輔）

ウリボウ（子供）をつれたイノシシ。

第3章

シカの対策

シカによる農業被害が拡大する要因

イノシシ、サルと並び全国的に被害を多く出している動物がニホンジカ（以下、シカ）である（**写真1**）。基本的な対策は、イノシシやサルと同じであるが、完全な草食動物であるシカの場合、少し異なる点にも気をつけなくてはならない。

なお、本章は北海道を除く本州、四国、九州のシカを対象に紹介する。

林業被害から農作物被害へ

シカによる「被害」は、20～30年前から大きな問題として全国的に存在した。ただ、この「被害」のほとんどはスギやヒノキなどに対する「林業被害」であり、「農作物被害」に関しては今と比較すると小さいものであった。そのため、日本のシカ対策はまず林業被

写真1　ニホンジカ。

害の解決が優先され、個体数を駆除などにより人為的に調整することが行われてきた。シカはイノシシなどと違い高密度で生息することがあり（多い場合100頭／㎢）、シカの数が増えたスギやヒノキの造林地では被害が深刻であった（**写真2**）。

写真2 シカに樹皮を食べられたスギ。

この対策を行うにあたり、必要な科学的データを得るために、シカの糞を数えたりヘリコプターにより上空からシカの数をカウントしたりしてシカの個体数を推定する研究が行われてきた。

しかし、現在も続けられているこれらの研究によって林業被害はあまり減少しておらず、そうこうしている間に林業被害に加えてシカによる農業被害が拡大してきた。今日では、個体数の調整とは別のアプローチからも被害対策を考えなければいけない状況になっている。

さらに、農作物被害の場合は、個体数管理だけを行っても大きな効果がないことが多くの研究者により証明されている。

シカによる農作物被害を軽減するために、まずシカがなぜ増え、なぜ里や集落に近づき農作物を食べるようになったのか、その理由を知る必要もあるだろう。

シカの繁殖能力と餌との関係

シカの繁殖には個体の栄養状態が関連しており、その良し悪しで繁殖成績も変わってくる。シカの雌は通常1度の出産で、1頭の子供を産む。双子を生むことは稀であり、栄養状態に関係なくこの傾向は変わらない。しかし、出産間隔と初産年齢は栄養状態により変化する。

栄養状態が良く、出産や子育てをするのに十分な体重を確保できる個体は毎年子供を産み、栄養状態が悪ければ出産間隔はあく。これは子供を産み、育てるためには多くのエネルギーを必要とし、体重の減少も激しく、餌が十分にない環境では毎年の出産はできないからである。

このことを如実に表したものが奈良公園のシカである。昔から個体密度が高かった奈良公園では、現在餌となる植物が乏しくなり、個体数はほとんど増加していない。

シカは、成獣と同等の体重になった個体が初産を迎える。多くの場合2歳で初産を迎えるが、餌が少なく体重が増えづらい地域の個体は4歳以降になる場合もある。また、栄養状態が良いと、高齢個体でも繁殖の成功率が大きく上がる。

繁殖成績以外でも、栄養状態はシカの生死、特に子供に大きな影響を与えている。シカの一生で最も死亡率が高いのは0〜1歳であり、その大きな原因が冬の餌不足である。そのため、冬の餌が多く、栄養状態の良い状態を保ちやすい場所では、多くの子供が生き残る。

また、母親の栄養状態が良いほど子供の出生時体重が重く、その後の成長も母親の栄養状態に大きく左右されることがわかっている。

人の手によるシカの大増殖と人里への誘導

春から初秋にかけては、どの地域でも森林内や林縁部にはシカの餌が多い。しかし、晩秋から冬の餌は様々な要因により場所によって大きく異なることがあり、これがシカの重要な餌となっている。

冬の餌と聞くと、どうしても温暖化により気温が上昇したため、餌となる植物が増えたという解釈をしてしまうことも多い。たしかにその影響がないわけではない。しかし、その程度の気温上昇では、それまでに冬枯れしていた植物が急に枯れなくなるわけではなく、小雪になったからといって雪の下に青々とした植物が生えているわけでもない。

実は、温暖化とは関係のないところで、密かに人の手により冬の餌が生産され、シカの増殖と人里への誘導が行われている。

林道や作業道、高速道路などで冬でも青草が生えた法面を見たことはないだろうか？　道路の開通や補修によりできた法面には崩落や侵食防止のために寒地型牧草を植えられることが一般的である。寒地型牧草というのは、対寒性が強いため冬でも青々と茂り、牧草なので栄養価が非常に高い。

もしここをシカが見つけた場合、餌場となることは確実である。しかも栄養価の高い牧草を食べたシカは、冬期の体重減少が緩やかになり、春の出産に向けて十分な体重を維持できる。子ジカも苦もなく冬を乗り越えることができるだろう。

さらに、餌場となった法面に沿って草を食べながらシカが移動した場合、その行き着く先は農地が点在する人里である。法面に植えられた牧草はシカを増やし養うだけでなく、集落へシカを誘導する手助けもしている（**写真3**）。

携帯電話やテレビのデジタル放送化により、我々

写真３　牧草が植えられた道路法面はシカの餌場。

の生活はより便利になっている。しかし、その電波塔や中継局を山頂に建てるために作業道が延長し、それに伴う法面への牧草植え付けも拡大している。このことにより人間が自分たちの手でシカを増やし養い、人里へと誘引しているという事実はあまり知られていない。道路作業の手法もシカ対策を考える上では再考すべきである。

冬の集落は食物の宝庫

法面の牧草と同等もしくはそれ以上に人の手で餌を提供している場所がある。それが冬の人里や集落であり、ここにある豊富な餌がシカによる農作物被害を引き起こす大きな原因の1つとなっている。

冬場の集落は、シカの餌の宝庫である。これは農作物のことではなく、餌となる植物が多いということだ。イノシシやサルの場合、「農作物」を目的として集落に出没することが多い。だがシカの場合、集落に出没を始める最初の目的は「農作物」ではなく、それらを含めた「植物・草」である。

冬の集落にはカキなどの落下した実や畦の雑草、刈り取った水稲の株から生えたヒコバエ、畑やその周りに捨てられた葉物野菜の外葉など、人は何とも思わないがシカにとってはご馳走以外の何物でもない、餌が数え切れないほどある。

山の下草が枯れ果て餌のない状況で、このような冬の集落の光景を見たシカはどのように認識するだろう？　それはまるで人が砂漠でオアシスを見つけたように感じるのではないだろうか。

冬の餌場として集落を認識したシカは、時が経つにつれそれ以外の季節でも集落へ来るようになる。ただ、それも「植物・草」が目的のため、最初の被害は稲の幼苗を少し食べられたり、作物の葉部分を少し食べられたりするだけで、被害として大きな問題になりにくい。しかし、このような人の目に付きにくい所からシカが農作物の味を覚えてしまい、大きな被害となるのは時間の問題である。

このように集落には人の手でシカを増やし養っている要因がたくさんあり、特に集落内にある冬期の餌をいかに減らすかがシカによる農作物被害対策の大きなポイントとなる。

カキやクリ以外にも、ビワやクワ、イチジク、スモモといった放棄果樹が集落にたくさんあれば、シカは果実以外に葉も食べるため、1年中餌を供給していることになる。放棄果樹はできる限り伐採するなどして、シカに食べさせないようにする必要がある（**写真4**）。

水稲の株から生えたヒコバエや、その株間に生えるイネ科雑草は、シカにとって絶好の冬の餌であため、稲刈り直後に一度耕起することでヒコバエを抑制し、11月頃にもう一度耕起することで発生する青草も抑制することが可能である。冬に農地周辺や集落内で枯れずに生えている草は、シカの大好物であり、シカを誘引する原因となっている（**写真5**）。

シカの餌を減らす対策

実はこれらの草量は、草刈りをする時期を変えることで減少させることができる。この時期が地域や草の種類によって異なるため、どの時期が一番良いと一概には言えないが、島根県や京都府、滋賀県では最終の草刈り時期を10月中旬から下旬以降にすることで冬の青草の量が少なくなることがわかっている。それぞれの地域で、最適な草刈りの時期を探っていただきたい。

果樹園では、刈草の鋤(す)き込みによる地力（生産力）増進や土壌侵食の防止、地温の調整、果実の早熟化などの効果を見込んで、果樹の下に牧草やその他の作物を植える草生栽培が行われることもあるが、これも冬から春先にかけての良質な餌となっている。草生栽培を行っている果樹園では、年間を通してシカを園内に侵入させない対策が必要である。

シカの餌となるものを減らす対策と同様に、シカに集落や農地、人間が怖いと思わせる追い払いも重要である。被害が深刻な場所では、シカが平然と車の往来が激しい道路側で草を食べていたりする。農地でも、畦畔などで明るい時間帯から草を食べ続けている。

このような地域では、シカが人間は怖くない、集落は安全だと学習していき、対策がどんどん難しくなる。集落や農地でシカを見つけた時は、そこが自分の圃場でなくても、シカが作物を食べていなくても、季節に関係なく積極的に追い払いをし、シカに集落が安全な餌場ではないことや人間が怖いことを認識させるべきである。

（堂山宗一郎）

写真4 放棄されたカキの実と葉を食べるシカの親子。

写真5 冬の水田に生えた青草。青草はシカの大好物だ。

シカの行動と柵設置による被害対策

シカは柵をジャンプして侵入しない!?

農地へのシカの侵入を防止するために柵を設置している人も多いのではないだろうか。柵を設置する場合、シカの跳躍能力が優れていることから、柵の高さを重要視することが多い。しかし、シカは非常に優れた跳躍能力を持っているが柵をジャンプして侵入することは珍しく、できるだけ跳びたくない動物である。

シカもイノシシと同様に、障害物をジャンプする時は命の危機が迫った時（人間に見つかった時や追い立てられた時など）である。シカが柵を跳び越えたという話もよく聞くが、その状況のほとんどが農地にいたシカが人間に見つかり、急いで逃げようとして柵の外へ出る時のことである。

シカやイノシシのような大型野生動物は、障害物をジャンプした時の着地時に足に大きな負荷がかかり、それにより足を怪我する確率が高くなる。彼らにとって足の怪我は餌を探せないという生死にかかわる大問題となる。人間にとっては大したことのない程度の足の怪我も、シカにとっては死に直結するかもしれない恐ろしいことなのである。

シカが農作物を食べるために柵が設置された農地へ侵入する時、まずは柵周囲の安全を確かめながら、柵を目で見たり鼻や口先で触れたりして柵の状態を確認する。次に頭部で柵を押して隙間を探す。柵の下部や連結部が動いて隙間ができれば、そこから頭を入れて慎重に潜り込んでいく。実はシカもイノシシと同様に、隙間から潜り込んで侵入することを得意とする動物である。

体の大きい動物というイメージが強いシカでも、地面との隙間が高さ25㎝できれば成獣の雌が、高さ20㎝できれば子ジカが潜り込んで侵入可能である（**写真1**）。大きな角があるため狭い隙間を通れなさそうな雄ジカでさえ、30㎝ほどの隙間があれば器用に角を通して潜り込んでしまう。一見すると低いと思う高さ1mのネット柵でも、下部を固定していなければ、シカはジャンプすることなく、ネットを持ち上げて潜り込んで侵入する。

柵の潜り込みを防ぐには

このような潜り込みを防ぐためには、柵の下部を固定することが重要である。特にネット柵はシカに潜り込まれやすいので、使い古したハウスパイプや

写真1 地面から高さ27㎝の隙間を潜り込む雌の成獣。

写真2 竹を利用したネット柵の潜り込み対策。

竹などの棒状のものを柵下部に取り付け、地面や柵の支柱と固定して持ち上がらないようにすれば侵入を防ぐことができる（**写真2**）。

柵の隙間がなくなると、ようやく柵の上部からの侵入を試みる個体も現れる。シカは四肢や首が長く、目線が高いこともあり、柵の高さは1・5m以上必要である。ワイヤーメッシュであれば普及している1m×2m規格のものを使用して高さ2mの柵を設置できる。もちろんこの場合でも、柵の下部を補強して潜り込み対策を行うことにより高い防護効果を得られる。ネットや網を使った柵でも、高さ1・5mでシカの侵入を止めることができる。

ネット柵上部の垂れ下がりに注意

ただし、このような柵では注意すべきポイントがいくつかある。ネット柵下部の隙間から侵入できなくなったシカは、それでも農地へ侵入したい場合、柵の手前で後肢で立ち、前肢をネットに引っ掛け、下がってきた柵の上部から乗り越えるようにして侵入する（**写真3**）。この場合もジャンプするのではなく、乗り越えるために軽く跳ぶ程度である。また、シカは手当たり次第に侵入するのではなく、柵上部のネットが垂れ下がったところを狙っている。**写真4**は、シカがネット柵を乗り越えて侵入したため倒されてしまった柵である。

写真3 ネット柵に前肢を掛け、垂れ下がったところから侵入。

これらを防ぐために、ネット上部にハウスパイプやワイヤー、竹などを取り付けると垂れ下がった場所がなくなり、シカが前肢をかけてもネットが下がることがないので、1・5mの高さでもシカの侵入を防ぐことができる（**写真5**）。

イノシシ用ワイヤーメッシュ柵（高さ1m）の上部にネットや網を取り付けて高さ1・5m以上にした柵でも、同様の方法でシカの侵入防止効果を高めることができる。

網目の細かいネット（獣害対策用樹脂ネットなど）の柵は、シカが侵入時に足を掛けると蹄で穴が開いてしまい、そこからシカが頭を入れて徐々に穴が大きくなり侵入されることがある。このような穴はできるだけ早急に発見して補修しなければならない。

写真４　シカの乗り越えによって倒れたネット柵。

写真５　柵の上部を固定して垂れ下がり防止。

設置が容易で安価なネット柵であるが、こまめな点検と補修ができなければ侵入防止効果もすぐに薄れてしまう。15㎝以上の網目のネット（海苔網など）は網目にシカが簡単に頭を入れることができ、網目が拡大してしまい侵入されることもあるので注意が必要だ。また、網目が大きいと雄ジカの角にネットが絡まり、柵が壊されてしまう危険性もあるので注意が必要である。

シカに対応した電気柵の設置

電気柵の基本的な特徴については、第2章イノシシの対策「電気柵の特徴と設置実例」（⬇50ページ）で詳しく述べているので、参照していただきたい。ここでは現場で注意しなければならないことの復習と、シカの行動を考慮した設置方法を紹介する。

電気柵はシカの侵入防止効果が高い柵であるが、柵線からシカの体に電気が流れて電気ショックを与えられなければ効果がなくなる。シカもイノシシと同様に体毛の上からでは電気を通しにくい。ただし、電気柵内へ侵入しようとするシカは、鼻先や口唇で柵線に触れて安全を確かめる行動をとるため、この時に柵線に電気が流れていれば電気ショックを与えられる。

シカが鼻先や口唇を柵線に触れやすくするために最も重要なのは、柵線の高さである。ネット柵などと同様に電気柵も高さを重視して柵線が40㎝や50㎝間隔で張られていることも多いが、これではシカが柵線の間をくぐり抜けてしまう。

侵入防止効果がある柵線の張り方として、地面からの高さが30㎝・60㎝・90㎝・120㎝・150㎝の5段張りがある（**写真6**）。この場合、成獣が主に30㎝と60㎝の柵線に鼻先や口唇で触れることが多くなり、十分な電気ショックを与えることができる（**写真7**）。

しかし、体の小さな子ジカが30㎝と60㎝の間を柵線に触れずにくぐり抜けることがある。子ジカや若齢個体の侵入も防ぎたいのであれば、柵線を地面から20㎝・40㎝・60㎝・90㎝・120㎝・150㎝の高さの6段張りにする必要がある。イノシシ対策の電気柵が20㎝・40㎝の2段張りであるため、シカとイノシシどちらの侵入も防ぎたい場合は、この6段張りが有効である（**図1**）。

シカが120㎝と150㎝の柵線に触れる可能性は低いが、この2本は柵上部からの侵入を抑制し90

写真6　シカの侵入防止効果が高い30・60・90・120・150㎝で柵線が張られた電気柵。

写真7　地面から高さ30㎝の柵線に鼻先で触れるシカ。

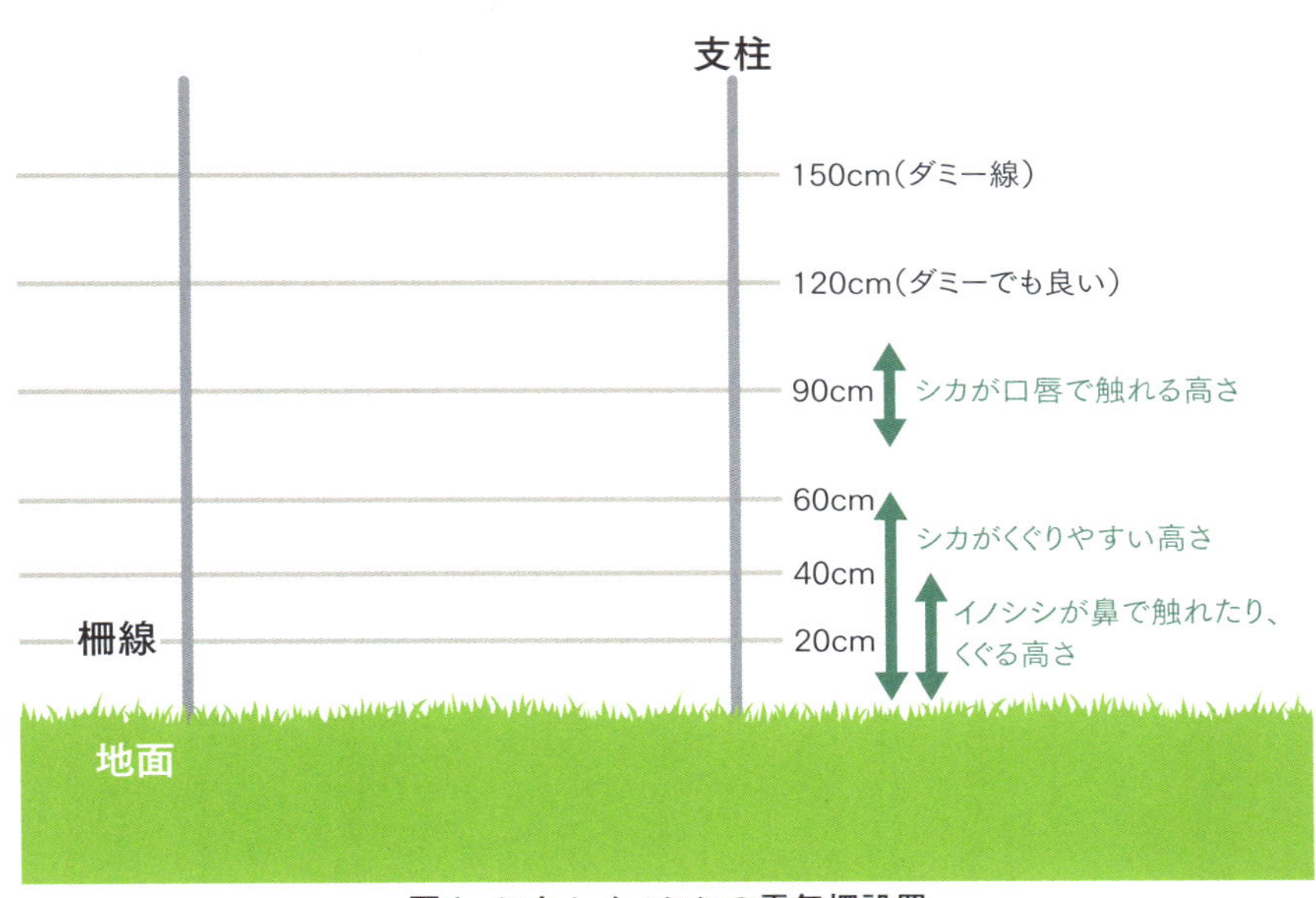

図1　シカ＋イノシシの電気柵設置

cm以下の柵線に触れさせる効果がある。そのため、120cmと150cm柵線には送電せずにダミー線としても良い。

電気柵の解説やマニュアルによっては、柵線の高さが20cm・40cm・70cm・110cm・150cmと記載されている。しかし、シカは地面から60cm程度までの高さをくぐり抜けることを好むため、この高さだと柵線の間隔が地面から20cm・20cm・30cmとなってしまい、シカがくぐり抜けに選択しやすい2段目と3段目の隙間が、地面と1段目、1段目と2段目の隙間に比べて1・5倍の間隔となる。こうなるとシカは広くなった2段目と3段目の隙間の広さに惹かれてしまう。柵線は60cmまでは同間隔で張ることが必要である。

夜間のみの通電は効果なし

シカが夜行性の動物であるという認識から、夜間のみ通電している柵をよく見かける。しかし、人間になれた個体や人間がいないと安全だと認識した個体は、日中でも農地に出没する。このような活動時間帯の変化はイノシシでも見られるが、シカの方がより顕著であり、被害の甚大な地域では交通量の多い道路沿いでも日中にシカを見かけることも珍しくない。

電気柵は柵線にシカが触れた時に通電していなければまったく効果がない。夜間のみの通電では、日中にシカが鼻先や口唇で触れても電気ショックがこないため、徐々に柵線を確認しなくなり、最終的には鼻先や口唇でまったく触れずに電気柵をくぐり抜ける個体が出来上がってしまう。

電気柵は設置したその日から24時間通電することが必要である。収穫後に通電を止めたり、電池切れや漏電の放置でも同じことが起こるため、定期的な通電管理も忘れてはいけない。

舗装道路側の設置には注意

ガイシを内側（作物側）に向けて設置してしまう

図2　電気柵設置の注意ポイント

POINT 1　侵入防止効果の高い5段張り

シカのくぐり抜けを防ぐ柵線の張り方は、地面から30・60・90・120・150㎝の5段張りが基本。

POINT 2　24時間通電する

シカは夜行性だが日中も農地に出没するため、設置した当日から24時間通電する。

POINT 3　ガイシは外側に向ける

ガイシを外側(シカ側)に向けると、シカが柵の支柱を触りながらガイシの柵線に触れる確率が高まる。

と、シカが柵線にまったく触れることなく支柱だけを触ってしまう可能性が高まる。ガイシを外側（シカ側）に向けて設置すると、シカが支柱を触りながらガイシに張られている柵線に触れる確率が高くなる。

また、舗装道路沿いの農地に電気柵を張る場合、道路ぎわに支柱を立てると電気柵の効果が極端に低下する。シカが鼻先や口唇で柵線に触れた時、足が電気の通りにくい舗装道路の上にあると大きな電気ショックが発生しない。前肢だけでも土の上に立つように、舗装道路から1m離して支柱を設置すべきである。

ニオイや音、光の効果は期待できない

柵を設置するのはお金がかかる、草刈りをするのも面倒だということから、より簡易なシカ対策技術を求める人も多くいる。実際に、シカに対して嫌悪や忌避効果があるとするニオイ物質や光、音の発生装置が販売されている。

結論から言うと、その効果に科学的根拠があるものはほとんどなく、どれも必ず慣れてしまう。これに関しては、第1章の「忌避材（臭い）の誤解」（⬇28ページ）も参照していただきたい。

日本以外でも、シカが関連した農作物被害や車との衝突被害などの問題が発生しているため、海外では古くからシカ忌避物質や忌避装置の研究が数多く行われているが、シカを慣れさせることなく長期間侵入や出没を抑制したものはない。著者らも、超音波や一部地域で流行している測量用ピンクテープに対するシカの行動を調査したが、シカが逃げ出したり餌の摂食を止めることはなかった。

オオカミやライオンの糞尿に対してシカが嫌悪反応を示すとする研究もあるが、現段階では科学的根拠に基づいて長期的な効果を保証する製品はない。

（堂山宗一郎）

対策Q&A

Q シカが道路にまかれた融雪剤の塩分をなめて冬を越すのは本当？

A シカは塩を使って捕獲することができるのだから、融雪剤に含まれる塩分（塩化ナトリウム）をなめるというのは本当である。

私たちが生きていくために必要な栄養素は、炭水化物、タンパク質、脂質の三大栄養素に、ビタミン、ミネラルを含めた「五大栄養素」である。三大栄養素は私たちの体を作り、生命維持や身体活動などに欠かせないエネルギー源となっている。一方、ビタミンとミネラルは体の調子を整え、他の栄養素の働きを助ける成分である。こちらも生命維持にとって重要な働きであるが、それには三大栄養素が摂取できていることが前提となる。

にもかかわらず、近年はシカが融雪剤の塩化ナトリウムをなめて冬を越しているというような誤った報道が目につく。冬場に塩化ナトリウムを好んでなめるシカは、それ以前に三大栄養素を摂取できているということだ。言い換えれば、仮に融雪剤の使用を止めても、シカは摂取量が微量でよい塩化ナトリウムを他の食物などから摂取することができるので、シカの数を減らすことにはつながらない。

それよりもシカ対策には、冬場に餌となる農作物や牧草を食べさせない取り組みを行うことが重要である。

（江口祐輔）

第4章
サルの対策

被害対策のために知っておきたいニホンザルの能力

ニホンザルの繁殖能力

本来、山の中だけで暮らしているサルの繁殖能力は、群れの頭数を維持する程度である。初産年齢は7~8歳でイノシシやシカなど他の野生動物に比べて遅く、出産間隔も2~3年はあく。

一方、農作物被害を出しているサルの群れは、栄養状態が良いため、繁殖に変化が起きる。栄養状態によって産子数は変わらないので、1頭ずつ出産するが、7~8歳の初産年齢が2年程早まり、5歳で初めて出産する個体が出てくる上に、出産間隔が2~3年だったのが毎年出産することも可能になる。山で暮らしているサルの群れに比べて栄養状態が良ければ衰弱することもなく、免疫力も強く保てるので、病気がこじれて死に至る子供も減少する。

サル対策はイノシシより簡単

サルの対策はイノシシより簡単である。これは無責任な発言にも聞こえる。しかし、イノシシやシカは昼夜問わず、人の気配がなければ田畑に侵入する一方、サルは基本的に夜間は活動しないので、集落内への出没や農地への侵入は昼間に限定される（**写真1**）から、夜は安心して眠れる。

イノシシやシカをはじめ多くの野生動物は、連日同じ農地に侵入することがよくあるが、サルの場合、彼らの生活の範囲となる遊動域を移動しながら餌を得るので、多くの場合、週に1回か月に1回といった間隔があく。毎日ビクビクしながら田畑を見張る労力は必要ないかもしれない。

また、高齢化の進む地域ではサル対策は難しいと言われるが、若い人が多い地域では男性はサルの出没する昼間は働きに出ているし、若い女性も然り。集落の昼間人口は減り、監視の目が少ないことはサルにとって好都合だ。高齢者の多い地域では定年退職後の男性が多く、昼間でも集落の人口に変わりがなく、監視の目を光らせることができる。高齢者の多い地域ほどサルの被害対策に向いていると発想の転換が必要である。「サル対策はイノシシよりも簡単！」は、あながち間違った見解ではない。

写真1 人を見て逃げ始めたニホンザル。サルは昼間活動するので追い払いがしやすい。

ニホンザルの運動能力

ニホンザルは身軽に木々を伝わったり跳んだりする光景を動物園やテレビなどで目にすることが多い。サルは驚異的な運動能力を持っていると想像するのも無理はないが、実際にサルの運動能力を調べてみると、意外にも大したことはない。

1 跳躍能力

ニホンザルは垂直跳びで地面からどのくらいの高さまで手が届くかを、広い運動場で飼育されている50頭のサル群で調査した。垂直のコンクリート壁に好物の落花生を両面テープで貼り付けると、サルたちは一生懸命垂直跳びをして落花生を取ろうとした。

その結果、2歳以上のサルは地上1・8mの落花生を取ることが可能であったが、2m以上の落花生には届かなかった（**写真2**）。小学校3、4年生であれば、垂直跳びで1・8mの高さに手がとどくだろう。

また、幅跳び能力についての調査では、2歳と3歳のニホンザルが2・2mの距離を助走なしで飛ぶことができた（**写真3**）。これは比較的運動神経の良い小学6年生の立ち幅跳びの記録と同程度である。

2 重量挙げ

ニホンザルの持ち上げ力量を測定したところ、おもりの付いたネットを持ち上げる力は最大4・8kg（2歳雄、4歳雌）であった（**写真4**）。次に、おもりのついた紐を引き上げることができるサルは、前肢（両手）で紐を掴んで引っ張った時に8・5kgを、四肢で踏ん張り、紐を口でくわえて引っ張った時は12・0kgを引き上げた。「20kg以上のスイカをサルが盗んだ！」と訴えられたことがあったが、ニホンザルは大きなスイカを運べないようだ。

3 水泳能力

ニホンザルは水泳があまり得意ではないようだが、川を渡る姿（流される姿？）を見たことがある。霊長類は体脂肪が少ないので、体が浮きにくいと考える研究者もいる。しかし、体脂肪率5％のシカはうまく泳ぐ。サラブレッドも相当に体脂肪率が低いが、訓練やリハビリで水泳が行われるので、体脂肪率が水泳能力の有無における大きな要因ではないようだ。

確かにチンパンジーはプールに入っても泳ごうとはせず、立つために底に足を伸ばす。足がつかないと手すりなどの構造物にしがみつく。泳げない人と同じ行動が認められる。おそらく陸上の動物は水の中に入ると、まずは普段の起立姿勢をとろうとするのだろう。イノシシやシカなどの四つ足動物は起立

写真2　垂直跳びで手が届く高さは2m以下。

写真3　幅跳び能力試験。小学生男子の立ち幅跳びの能力と変わらない。

写真4　餌の付いたおもりを手で引き上げるサル。10kg以上持ち上げるのは無理だった。

写真5　爪がかからないとサルは太い棒を登れない。

姿勢や歩行時の姿勢が泳ぐ時の姿勢と同一であり、かつ水面上で呼吸しやすい位置に頭部がある。

一方、二足歩行の動物は起立歩行と水泳のうつぶせ姿勢は大きく異なる上に、頭部を意識的に水面上に上げなければ呼吸ができない。このような理由から、泳ぐのに多少の訓練が必要になるのかもしれない。

4 木登り

ニホンザルは木登りが得意で枝から枝へ身軽に飛び移ることができるが、条件によっては登れない棒もある。ニホンザルの体は小さく、大人でも10kgに満たない雌は多い。したがって、腕を回せないほど太い棒は本来登りにくい。太い樹木の場合は樹皮に爪をかけて登ることが可能であるが、塩ビ管のような爪を立てることができない素材では、直径が20cm以上の太い棒は登れなくなるサルも多い（**写真5**）。

（江口祐輔）

効果が出る「集団ぐるみの追い払い」の行動様式と実例

サルの被害対策の1つとして、「追い払い」が有効であることは、すでに様々なマニュアル等でも紹介されている。にもかかわらず、「サルは学習能力や身体能力が高いから、追い払いは効果がない」とあきらめている人が多いのもまた事実である。

ひと口に「追い払い」と言っても、効果が出る追い払いと、そうでない追い払いの間には、その行動様式に大きな差がある。サルの被害に遭った時だけ、個々の住民が別々に、それぞれの農地だけを守るような追い払いは、サルに恐怖感を持たれず、かえって追い払いに慣れさせる結果となってしまうことさえあり、効果が少ない。

一方で、サルの学習能力を逆手にとり、集落を「危険な場所」と覚えさせるような追い払いを実施することで、その被害を軽減できた実例は、確かに存在する。

著者は三重県伊賀市などで、「効果が出る追い払いの手法」を研究しており、多くの集落でヒアリングや観察、アンケートなどで集落の追い払いの実態を調査してきた。その中から「集落ぐるみの追い払い」に成功した集落の追い払い行動の様式を分析し、集落住民がどのように追い払えば効果があるのかを、その実例に基づき紹介する。

効果が出ない追い払いとは

追い払いをしているが、効果が出ていない集落が多い。例えば、①農作物を食べている時だけ追い払いをし、田んぼのひこばえなど農作物以外を食べている時は追い払いをしない、②自分の農地だけ追い払いをして、自分の農地以外なら追い払いをしない、③追い払いをする人が限られている、などはすべて「効果が出ない追い払い」の特徴である。

これらの追い払いの行動様式の例として、三重県伊賀市下阿波地区の調査結果（平成19年当時）を紹介する。下阿波地区は伊賀市の東部に位置する、世帯数52戸の集落である。

伊賀市には8つのサル群が存在し、下阿波地区は主に最東部に位置する約70頭の群れの被害を受けていた。当時の調査では、人家侵入があり、追い払いをしても逆に威嚇されるなど、かなり人慣れが進んだ状態で農業被害も深刻だった。

観察やヒアリング、アンケート等による当時の下阿波地区の追い払い行動は、サルの被害に遭った時、それぞれの農家が自分の農地だけでバラバラに追い払いをするという、典型的な効果が出ない追い払い方法だった。

サルが集落に侵入すると、その農地の所有者だけが追い払いをし、サルが農地から出ると追い払いを止めてしまう。そして、隣地にサルが移動すると、今度はその農地の所有者がまた1人で追い払いをする。他の住民は誰かが追い払いをしていても、自分の農地ではないため助けずに傍観しているため、追い払いを実施している農家も少ない。共同で追い払いをしている人はほとんどなく、大部分は各自が1人だけで追い払いをしている。また、それぞれがバラバラで追い払いするため、どうしても被害に遭ってからの追い払いの割合が多くなる。

こうして、サルは集落内を移動しつつ、追い払いされることなくたっぷりと「餌」を食べることができる。サルは次第に、この集落を「餌が食べられて」かつ、「人間が怖くない安全な」集落と学習し、被害は増加していた。

93ページの**図4**は、当時のサル群の行動域である。集落（下阿波地区は図中の「A」）が行動域の中に入っており、群れがいたポイントが集落の中心に集中していることからも、サルが当時、下阿波地区を「餌場」と認識していたことがうかがえる。

成功する追い払いの実例

では、効果が出る追い払いとはどのような行動様式かを、下阿波地区が実施した追い払いの調査結果を例に紹介する。下阿波地区では、追い払いの研修会を実施後、当地区に数ある団体の中に「獣害対策委員会」を新設し、委員長を中心に組織的な追い払いに取り組んだ。

まず、サルの侵入に気づいた住民は、花火などを鳴らして集落にそれを知らせる（**写真1**）。すると、誰かが追い払いを始めたことに気がついた住民が、

写真1　サルを見つけたら花火を打ち上げて周囲に知らせる。

写真2　合図を見て集まって来た人々。一部は山まで入り、追い返すのではなく流れに逆らわずにサルが集落から出ていくまで群れを後ろから追い立てる。

集落の各地から集まってきて一緒に追い払いを始め、多い時は10人程度に上る（**写真2**）。そして、集まった人の一部は山まで入り、サルが侵入してきた方向を考慮し、サルを追い返すのではなく、流れに逆わずにサルが集落から出ていくまで、サルの群れを後ろから追い立てる（**写真3**）。

その間、後で気がついた住民も花火が鳴っている場所に集まってきており、人数は最大で15人程になる（**図1**）。すなわち、集落の大部分の人が追い払いをしている状態になり、山の中や集落の外れまで追い払うため、被害に遭う前に追い払った割合が多くなってくる（**図2**）。

写真3　サルを見つけたら花火を打ち上げて周囲に知らせる。

図1　共同で追い払いをしている人数

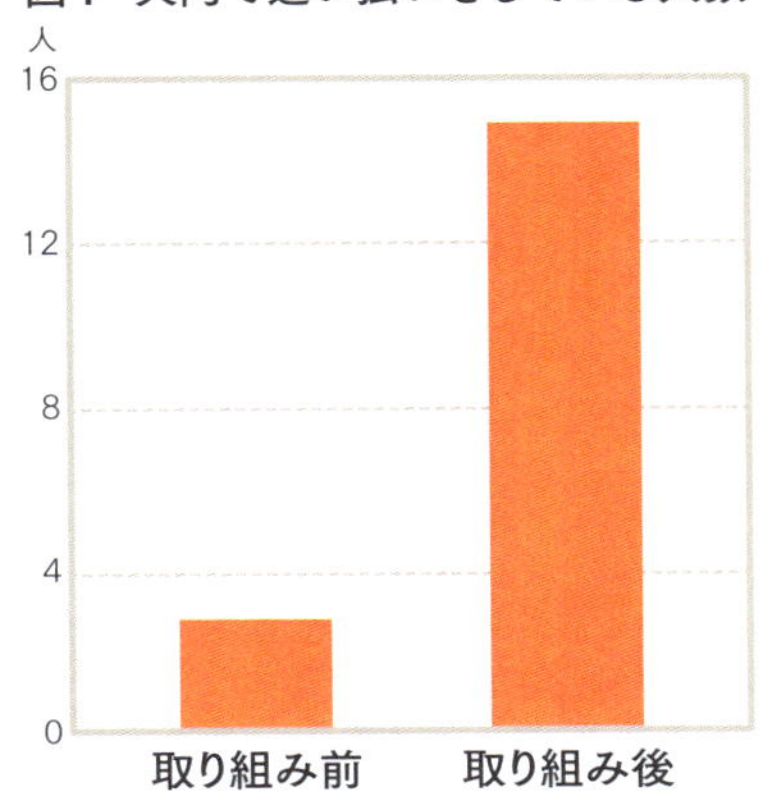

注：三重県農業研究所による全戸アンケートより

取り組み前は各自がバラバラで追い払っていたため、共同で追い払いをする人数は少ない。取り組み後には1ヵ所に集まり、山の中まで追い払うため、被害に遭う前に追い払いができた回数が増えている。

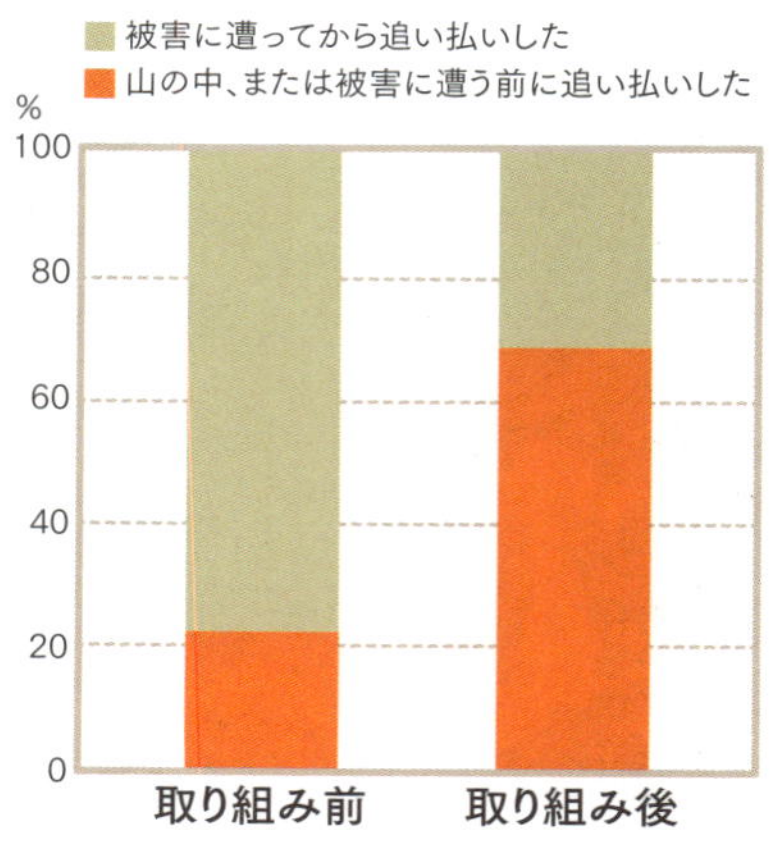

注：三重県農業研究所による
下阿波地区の全戸アンケートより

1ヵ所に集まり、山の中まで追い払うため、被害に遭う前に追い払いができた回数が増えている。

図2　被害に遭う前に追い払いができた回数の割合

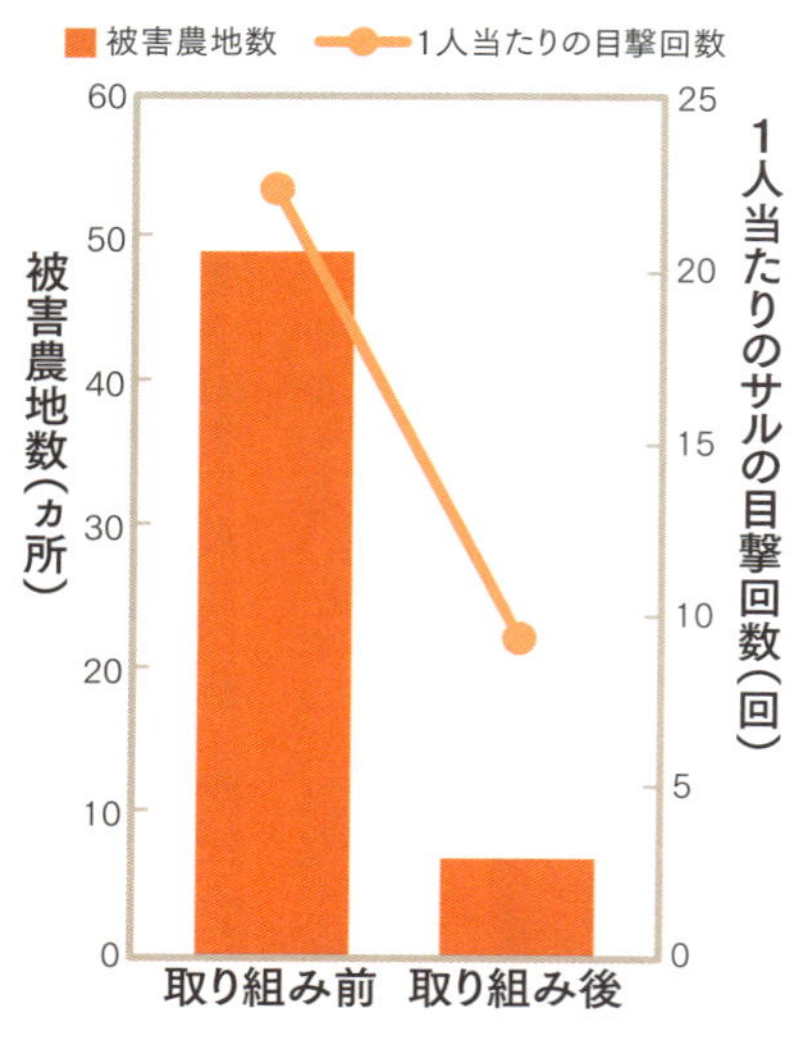

注：三重県農業研究所による全戸アンケートより

図3　下阿波地区の被害箇所数とサル目撃回数の変化

図5は、追い払いに取り組んだ後、1年間（平成22年度）のサルの行動域図だが、サル群の行動域が変化し、下阿波地区（図中「A」）に近づかなくなっている様子がわかる。人が近づくとサルは逃げるようになっており、集落の近くを通ることはあるものの、農地や人家に下りることが激減したため、サルの目撃回数は大幅に減っている（**図3**）。集落の人にヒアリングすると、「もう半年近くサルを見ない」、「サルがいなくなった」という声も聞かれた。これらから、サルが下阿波地区を「餌が食べられない」「危険な」場所と認識している様子が見て取れる。そして、被害農地の数も追い払い取り組み前と後では大幅に減少している。すなわち、効果が出る集落ぐるみの追い払い方法とは、**図6**のような考え方となる。

集落ぐるみの追い払いのポイント

下阿波地区以外にも、集落ぐるみの追い払いによ

図4 取り組み前のサルの行動域

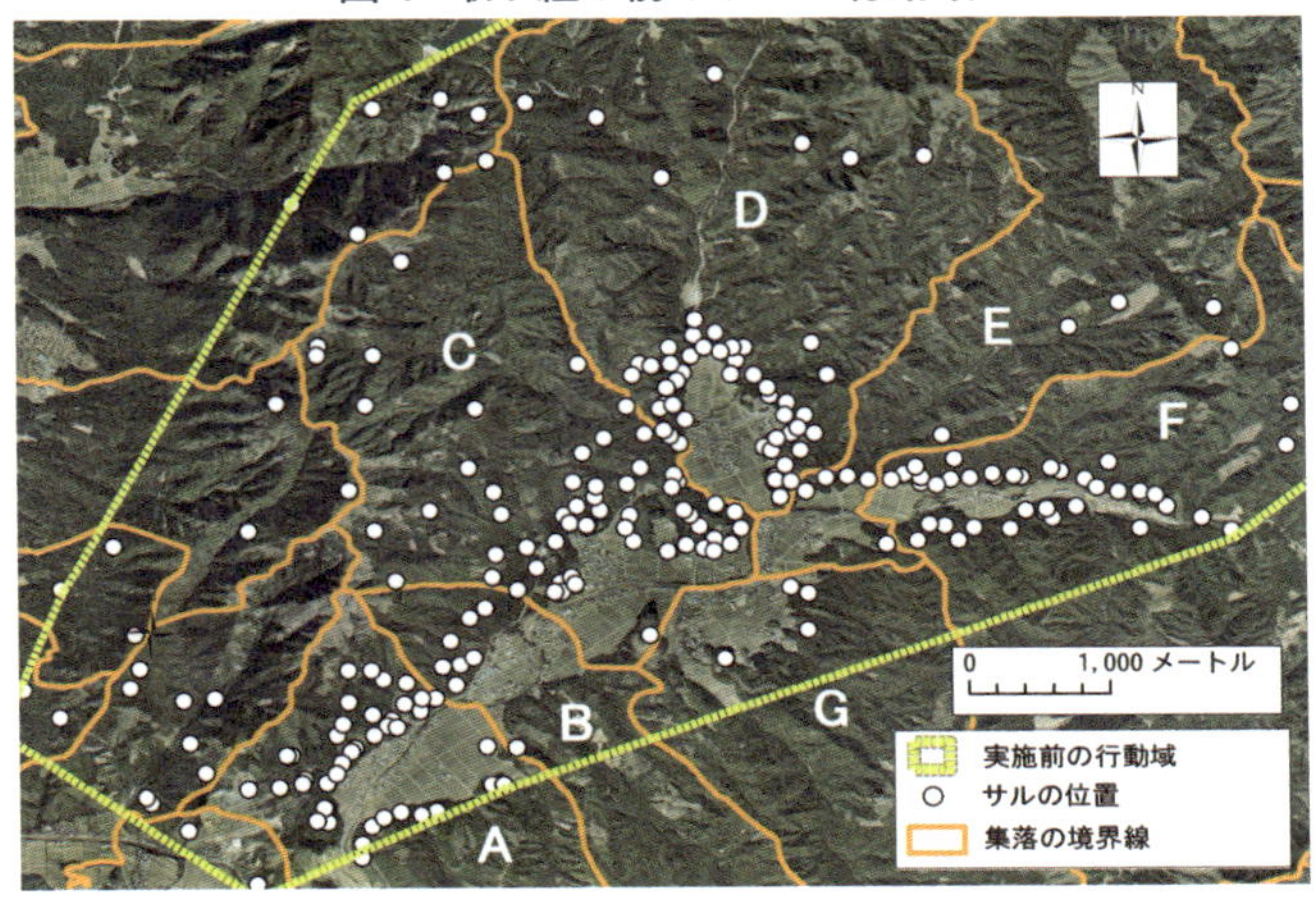

図5 取り組み後のサルの行動域

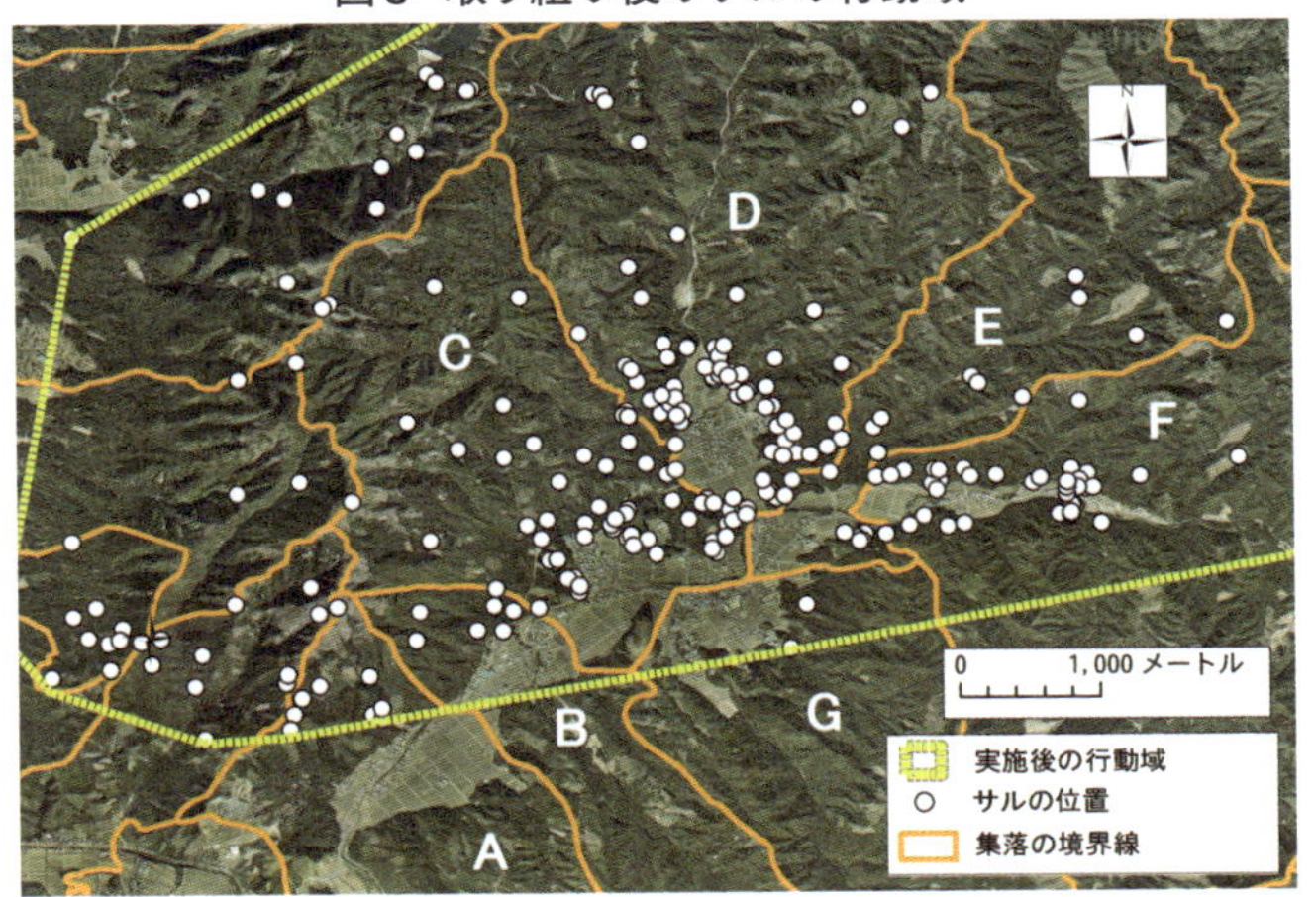

図6 効果が出る「集落ぐるみの追い払い」の行動様式

1	農作物以外や他人の畑などでも、サルを見た時は必ず追い払う
2	集落の誰もが（老若男女問わず、できるかぎり多くの人が）追い払う
3	サルが侵入した場所に集まり集団で追い払う
4	サルの群れを後ろから追い立てるように、サルが集落から出るまで（時には山の中まで入って）追い払う
5	サルに向かって飛んでいく、複数の威嚇資材を使う

り被害軽減に成功した集落は複数存在する。それらに共通しているのは、「多くの住民が」「サルを見た時は必ず」「集落の外れまで」「集団で」追い払うという行動様式である。これらの集落では決して個々に行動することなく、追い払い行動の中心となるリーダーのもと、組織的に連携した追い払いを行っている。すなわち、一種の組織行動、「組織的な追い払い」である。

「群れをどの方向に追い出すか」、「そのために誰が、どの場所まで追うか」など、リーダーのもと統率の取れた組織行動が重要である。簡単なことではないが、このような追い払いができた集落では、以前は人家侵入もあったサル群が、人を見ると逃げるようになり、出没の頻度や場合によっては行動域まで変化し、被害を大幅に軽減できるようになってきている。

ただし、群れのサイズが100頭を超えたり、行動域の中心部に集落がある場合などはこれより困難になると思われるが、下阿波地区の事例と同じような条件の集落は数多く存在し、多くの集落で同じような成果が出ると考えられる。

追い払いは被害対策の基本

このような追い払いの方法を説明する際、「1つの集落で追い払っても、サルは別の集落へ行くだけだから根本的な解決にならない。やっぱり群れごと捕獲してもらわないと……」といった反対意見を聞くことも多い。確かに1集落だけの対策では、他の集落の被害は軽減せず、場合によっては被害対策をしていない集落への出没頻度や被害が増加することも考え得る。

しかし、まず最も重要なことは、1つの集落だけでもいいから、最初に立ち上がることである。そして、集落を動かすためには、他人任せにせず、誰かが行動することである。1つの集落だけでも、サルに「人は怖い」と学習させることで、次の集落の追い払いは、より成功しやすくなるはずである。

無論、これらの追い払いは1集落だけでなく、同じ行動域の複数集落が取り組むことで、より効果は発揮されると考えられ、同一群内の複数集落が同じように追い払いを実施し、サルの群れを人の活動エリアである農地や人家周辺に下ろさないことが理想である。

事実、今回紹介した下阿波地区のある阿波地域では、他の複数集落でも追い払い活動が盛んになってきている。その結果、この地域のサル群は以前より山地での滞在時間が長くなり、人里への執着が減る傾向にある。昔のように山だけで活動する群れに戻すことも成功する可能性が見えてきている。

サル対策は頭数や行動圏の状況などに基づき、群れごとに計画された対策が重要であり、現実には追い払いだけでは困難な場面が生じることもある。過疎により戸数が少なすぎる場合や、頭数が多すぎる場合などは、個体数の調整や、サルにも効果がある多獣種対応型の防護柵、餌資源の低減など、多くの技術と合わせて進める必要がある。

しかし、被害対策の基本として、住民がサルを見たら必ず追い払いをするという活動は非常に重要である。あきらめて追い払いも何もしない集落では、いくら個体数を削減しても、あるいは餌量を削減しても、サルが人里に慣れて自由に農作物を食べられる限り、いずれまた被害は増大すると思われる。

「効果がない追い払い」になっている集落の状態は、すべて住民の意識や行動の問題であり、言い換えれば「人」の問題である。そして人の問題というのは、人の努力や工夫で解決が可能である。「獣害に強い集落」を作る一環として、これらの成功事例を参考に、各地で「集落ぐるみの追い払い」に取り組んでいただけたら幸いである。

（山端直人）

サルにも有効な防護柵設置と、群れ単位の個体数管理

サルにも効果的な防護柵とその効果

　前項で述べたように、組織的な追い払いが効果を発揮する一方で、地域には追い払いだけでは守れない農地も多数存在する。人家から離れた畑や山地の果樹園などがその例である。それら農地は防護柵で守るべきであるが、「サルは身体能力が高く防護柵では防げない」と諦めている人が多いのが実情である。

　しかし近年、イノシシ、シカに加え、サルにも効果がある多獣種対応型の電気柵が開発され、大きな効果を発揮している。なかでも、兵庫県香美町で考案された「おじろ用心棒」（**図1**）はサルの侵入防止効果が高く、設置コストも比較的安価なことや、農家自らが設置可能な点も評価され、被害軽減に大きな効果を上げている。

　基本的な構造は、下部にワイヤーメッシュなどの金属柵を設置し、上部に電気柵を3段程度に設置する。そして、通常の構造ではサルは支柱部分を持って侵入するため、侵入防止効果が少ないところを、支柱にアルミテープや電気線をらせん状に巻くことで、支柱にも通電性を持たせているところがポイントである。ホームセンター等で大部分の資材が購入可能で、農家自らが自作可能である。また、既存のフェンスや金網などにサルの侵入防止機能を付加させることも可能となるため、普及性は非常に高い。

　これらの防護柵によって、サルが侵入できない、採

食不可能な農地が増えることは、つまりサルにとっての「餌資源」が減少することになり、結果的に群れの出没の低減にもつながっている。兵庫県篠山市では大部分の農地に、このおじろ用心棒が設置されており、サルの被害軽減に大きな効果を発揮している。

追い払いと効果的な防護柵の組み合わせは特に有効である。三重県伊賀市子延地区では、追い払いに加え、シカ用の金網柵の上部におじろ用心棒型の通電支柱を付加することで、サルの被害をほぼゼロにまで低減させている。集落内では以前は収穫できなかったカキなども実り、それまで設置されていた個々のネットや電気柵は撤去され、集落内の景観向上にも貢献している。

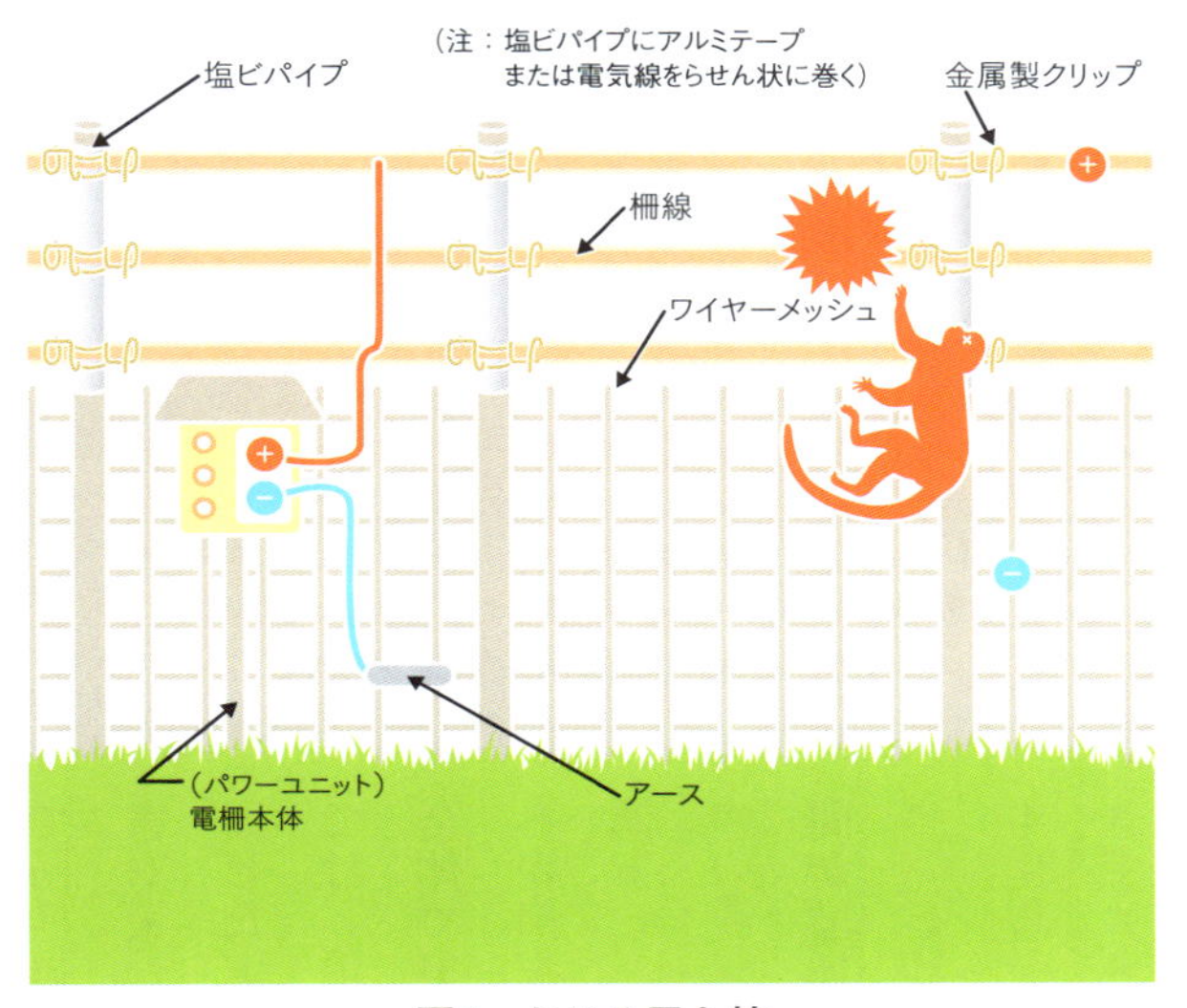

図1　おじろ用心棒

複数の集落に被害対策が広がることで得られる効果

これらの取り組みでサル群の集落への出没を少なくし、被害を低減させることが可能であることは多くの集落で検証されている。また、単独の集落の取り組みでは、隣接する他の集落への出没が増加することも考えられるが、群れの遊動域内の複数の集落

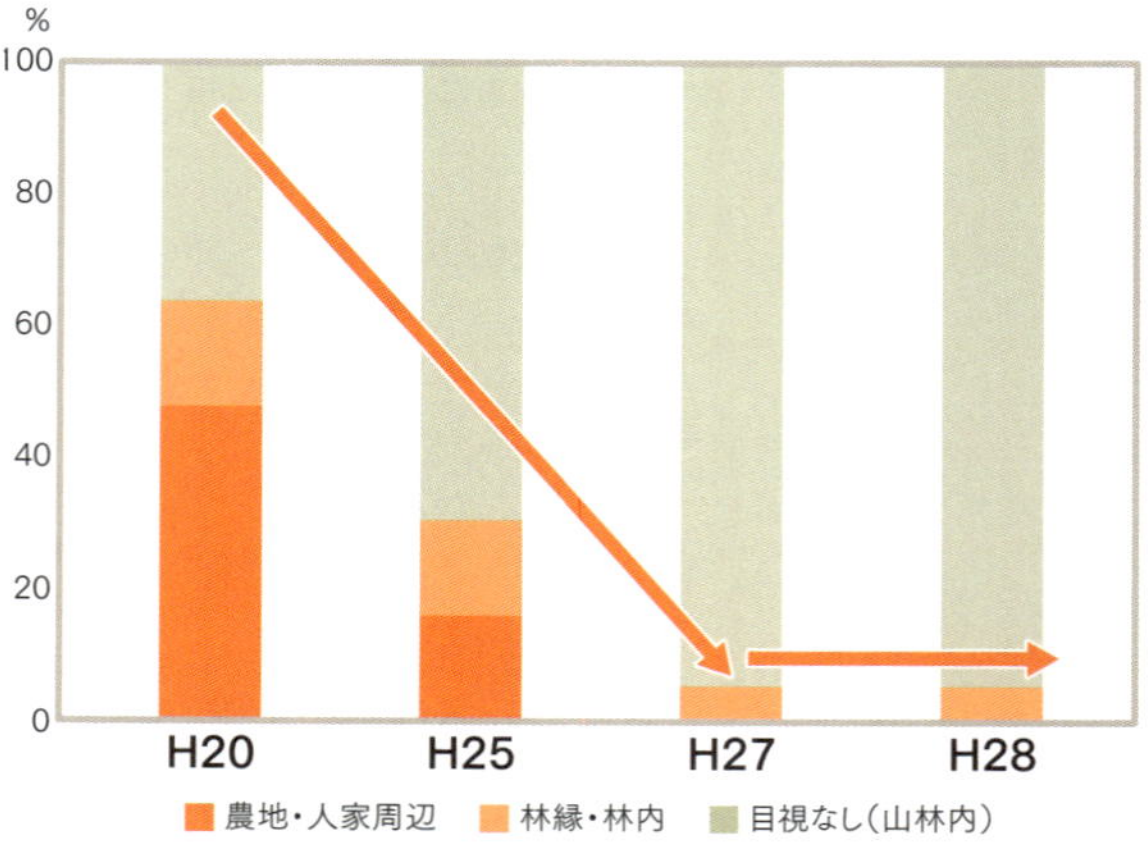

で同様の被害対策が進展した地域では、地域全体で集落への出没が低下し、山中の滞在時間が増加している群れも出現してきている。

前項の伊賀市下阿波地区と子延地区がある阿波地域では、サルの遊動域内の7つの集落がそれぞれ、下阿波地区や子延地区に続いて被害対策を進め、地域全体がサルにとって安全な餌場ではない状況を作ってきた。その結果、この地域に出没していた群れの集落への出没率は60％程度から20％程度まで低下した（**図2**の平成25年まで）。これは、被害管理の進展で、サル群を山に帰すことに成功した実例と言える。

%
100
80
60
40
20
0
H20　H25　H27　H28
農地・人家周辺　林縁・林内　目視なし（山林内）

図2　大山田Ａ群出没環境の変化

効果的な群れの個体数管理

前項のように、被害対策が広域で進展することで、集落への依存が改善するような群れと地域も存在する一方、頭数が１００頭を越え、効果的な追い払いが困難な群れや、遊動域が住宅地と他の群れに囲まれており、行き場がない状況の群れなどが存在するのも実状である。

このような場合、群れの頭数管理や場合によっては群れの除去も必要となる。ただ、単純に頭数を目標として捕獲するのではなく、群れ毎に計画を立て、科学的に管理することが、被害対策の効果を発揮させるためにも重要である。つまり、保全する群れと、頭数削減や群れの除去をすべき群れを判断し、群れを分裂させず、追い払い等の効果が発揮しやすいサイズにしていく群の管理が重要である。

捕獲の技術や手法については各地で試行錯誤されているが、集中的に多頭捕獲し、群れサイズを小さく、または群れを除去する方法と、サイズは小さくても加害レベルの高い群れを対象に、悪質な個体を選択して捕獲する方法が考えられる。前者には、後述するICTによる大型檻の遠隔監視・操作装置（図3）などがあり、後者には麻酔銃による選択的な捕獲などが挙げられる。いずれにしても、計画策定からその実行まで、群れの管理は公共事業的な要素があり、行政が中心となり進める課題と思われる。

ただし、個体数管理と併せて被害対策を講じなければ、群れを除去しても隣接の群れが再度侵入してきたり、群れサイズが小さくなっても集落への出没は減らないことが想定され、被害管理と個体数管理を車の両輪のように進めることが重要である。

群れの頭数管理の実証例

三重県伊賀市では、被害対策と群れの頭数管理で、

図3 ICT捕獲システム

地域全体のサル被害を軽減できるかどうかの実証を続けている。市内には11の群れが存在し、群れの遊動域、頭数、加害レベル、過去の群れの生息状況などの基礎調査を実施しつつ、11群を、①加害レベルが高く空間的にも行き場のない群れとして全頭捕獲（以下「全頭捕獲」）、②加害レベルが高く頭数も多いが、群れを山に返せる空間があり、部分的な捕獲と追い払い等の被害対策を併用し群れを山に帰す（以下「部分的捕獲」）、③加害レベルが低く頭数も少ないため、群れのモニタリングと予防的な被害対策を継続する（以下「モニタリングのみ」）、という3種類の管理方針に分類し（**図4**）、群れ単位の頭数管理を進めてきた。

　実施に当たっては市・県・研究機関が協議の上、地域での実施計画を策定し、地区の狩猟者と市・研究機関が協力し捕獲を実施した。捕獲に当たっては目標とする捕獲頭数を超えることがないよう、檻への侵入頭数を観察しながら捕獲が可能な、ICTを用いた遠隔監視・操作装置付きの大型檻を用いた。

　現在も継続中であり、完全には完了していないが、11群のうち、10群の管理がほぼ完了しつつある。前掲の伊賀市阿波地域に出没する群れでは、広域の被

図4　伊賀市での群れの遊動域、頭数と管理方針

害対策により集落への出没率を20～30%にまで低下させていた上に、群れの頭数を90頭程度から40頭弱にまで低下させる部分的な捕獲により、集落への出没率は5%を切る程に低下した（**図2**の平成27年以降）。

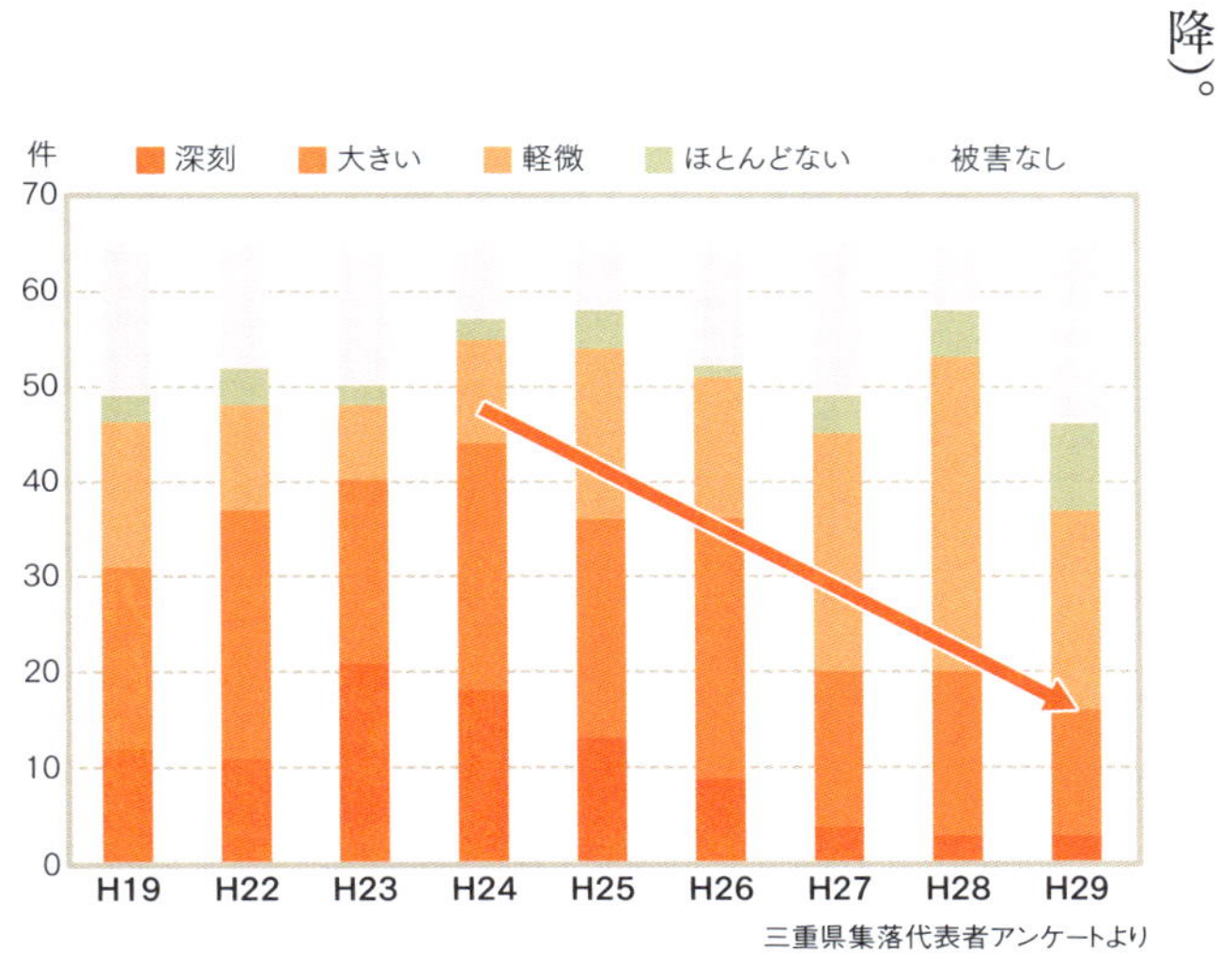

図5 被害発生集落の推移

90頭近い頭数の時より追い払いもしやすくなり、「サルは人を見ると逃げるようになった」「最近はサルをほとんど見ない」などの意見が多数聞かれる。平成19年から継続している市全域の集落代表者へのアンケート結果でも、集落のサルによる農業被害を、「深刻」「大きい」と回答する集落の数は平成24年頃をピークに大きく減少しており（**図5**）、管理が進展した市内の地域全域でサルの被害が軽減したことがわかる。

なかでも、地域主体の被害対策と群れの管理双方が進展した前掲の阿波地域では、「被害がなければサルがいても良い」「全滅させなくても良い」といった、サルに対して寛容な意見も聞かれる。

地域主体での追い払いや適切な防護柵の設置などの被害対策が進展した上に、政策としてのサル群の頭数管理が進むことで、被害を軽減させるだけでなく、野生動物との共存の可能性も見える実証の例である。

（山端直人）

ニホンザルにまつわる「農村伝説」

ニホンザルは賢く、運動能力も高いので、「被害にあったらお手上げだ！　何をやってもダメだ」と考える農家が多い。しかし、こうしたニホンザルに対する過大評価は、サル自体の能力の高さにあるのではなく、人の想像力の高さの賜物と言っても良い。客観的に考えれば大したことのない行動でも、人の想像力によって様々なストーリーや噂が作り上げられてしまう。サルはイノシシやシカなどの四つ足動物に比べて形態が人に近いので、擬人化しやすいことと、人に近いから頭が良いはずだと先入観を持ってしまう。

以下、ニホンザルの被害対策を難しくする代表的な「農村伝説」を紹介しよう。

伝説❶
拝んで命乞いをする

人の姿に似ているサルを撃ちたくない猟師は多い。両手（両前足）を顔の位置まで上げる行動が「お願いだから打たないで」と懇願しているように見えてしまう。できればサルを撃ちたくない猟師にとっては良い言い訳になる。

伝説❷
石を投げて追い払ってはいけない

サルは石を投げ返すので、石を投げて追い払いしてはいけないと言われることがあるが、ニホンザルは肩甲骨の構造が人と少し違うので、野球投げ、いわゆるオーバーハンドスローができない。サルが石を投げるとしたら下手投げになる。女子ソフトボール選手は下手投げですごいスピードボールを投げるが、そのような技術はニホンザルにはないので、サルの投球（投石）を恐れる必要もない。

伝説③ ボスザルが群れを仕切る

野生個体のニホンザルのグループにはボスやリーダーは基本的に存在しない。飼育個体や人による餌付けに強く依存する群れでは、体力的に強い個体による餌の独り占めが可能な環境が生まれる。このような状況で強いサルがボスのように振る舞い、餌を優先的に食べる光景が生まれ、群れのボスとして人が認定する。

自然環境で生息する群れは、ボスやリーダーと呼ばれる個体によって統制されているのではなく、もう少し緩い関係で成り立っている。移動も決まった誰かが誘導するのではなく、誰かが移動すると何となく追っていく行動が観察できる。

伝説④ サルの大好物はバナナ！

日本人なら誰もがそう思う。もちろんバナナが好きなサルは世界中にたくさんいるし、ニホンザルもバナナの味を覚えれば食べるようになる。しかし、生まれた時からバナナを食べて成長した野生のニホンザルはまずいないだろう。したがって、ニホンザルを捕獲するには、山での食性や農作物被害に遭う作物から考えると、タマネギやニンジン、イモなどで誘引した方が良い。

伝説⑤ シチメンチョウの鳴き声が苦手

サルも他の動物と同様に、超音波に忌避効果がないことが報告されているが、シチメンチョウ音声で追い払えるという情報が出回った。しかし、研究の結果、音声のみによる忌避効果は期待できないことが報告されている。ある農園において、シチメンチョウを放し飼いにすることでニホンザルに対する防除効果が得られた事例があるが、少なくともシチメンチョウの鳴き声のみではニホンザルを追い払うことはできないようだ。

シチメンチョウには、集団にな

ると大きく固まって行動することがある。ニホンザルも群れの動物であり、群れの力を知っているので近づかなかった可能性が示唆されている。

　サルの追い払いも、各農家が自分の農地を守るためだけに行うよりも、集落全体を守るために集団で追い払う方が効果は格段に上がるようである。

伝説❻
ニホンザルは頭が良い

　シャッター式の扉を開けて餌を取る試験や、ネットをめくり上げて餌を取る試験を行うと、ニホンザルよりもイノシシの方が早く正しい行動を選択して餌を取ることができた。サルは地際が固定されていないネットをめくり上げて餌を取る発想がなかなか出てこない（**写真1**）。イノシシがサルより頭が良いと結論するのは早計だが、ニホンザルは人が考えているほど頭は良くない。

　サルは好奇心旺盛で、何度もチャレンジするし、多い場合は100頭もの群れが農地に押し寄せてくる。100頭が10回ずつチャレンジすれば、群れ全体で1000回の試行錯誤が行われることになり、1頭ぐらい偶然に正解を導き出すことができそうだ（**写真2**）。

（江口祐輔）

写真1　鳥ネットの奥にある餌。サルはネットをめくることをなかなか思いつかない。

写真2　サルは好奇心旺盛で何度もチャレンジ。偶然ネットをめくって成功することもある。

第5章
クマの対策

ツキノワグマ対策の問題点

放獣の問題点

ツキノワグマ（以下、クマ／**写真1**）対策において、奥山放獣が行われることが多い。これはクマの生息数が少なく保護すべき地域の場合、人里に出てきたクマを捕獲しても、一定の『お仕置き』を行って奥山に再度放す方法である。また、イノシシを目的とした捕獲檻にクマが捕まってしまう錯誤捕獲がしばしば発生してしまうが、このような場合にも奥山放獣は行われる。

一般的な放獣の方法は、まず麻酔をかけ、イヤータグやマイクロチップ等により個体識別ができる処置を行う。クマの性別、体長や体重の計測および撮影を行い、放獣場所に運搬する。そして、放獣場所

写真1　ツキノワグマ（クマ科）。

写真2 クマは木の上に『くま棚』と呼ばれる腰掛けを作る習性がある。

で麻酔が完全に覚めたことを確認し、トウガラシスプレーや爆竹等により嫌悪条件付けを行ってから放獣する。

この奥山放獣は、あくまでも『お仕置き』の意味がクマに伝わることが前提である。にもかかわらず、奥山放獣したクマが再度、里に下りてきて起こす人身事故や作物被害が後を絶たない。

実は、お仕置きの仕方に問題がある。お仕置きはクマに「この場所に出てくると怖い目に遭うぞ。二度とこの場所に来てはいけないぞ」と伝えることが目的であるはずだ。しかし、捕獲されたクマはすぐに麻酔をかけられる。クマは朦朧とした状態で、捕獲された場所とは違う場所に移される。そして、人間がドラム缶を激しく叩いて脅かしたり、隙間からトウガラシスプレーを浴びせるなどしてから放獣するのである。これで本当に、クマは捕獲された場所とその周辺に行ってはいけないと学習するだろうか？

嫌がらせを受けた場所は、クマにとって見知らぬ場所である。そして捕獲された場所では全身麻酔をかけられ、これまでに経験したことのない意識の喪失を味わう。果たして、クマは捕獲された場所についてどれだけ記憶が残るのだろうか？　捕獲された場所とお仕置きを結びつけて理解できているのだろうか？　誰もこの疑問を明らかにしないまま、このような処置が行われている。

奥山放獣のマニュアルには、「クマを捕まえて、何もしないで放すだけでは、『再被害防除』といった目的はあまり望めない。条件付け（お仕置き）が必要である」と記載されているが、再捕獲によるクマの殺処分を避けたいのなら、このお仕置きのやり方にも改善が必要であろう。

錯誤捕獲を回避する檻にも工夫が必要

イノシシの檻に入るのを好む（としか考えられない）クマがいる。いわゆる『トラップハッピー』である。近年、クマの錯誤捕獲（**写真3**）を回避するため、天井部に直径30㎝の円形の穴を設けるイノシシ捕獲檻がある。クマは逃げられるが、イノシシは抜け出せない。動物の行動特性を考慮した良い構造ではあるが、困った問題が発生している。餌につられてイノ

写真3　イノシシ捕獲檻に錯誤捕獲されたクマ。錯誤捕獲を回避するための仕組みが、クマの餌付け行為とならないよう注意が必要だ。

シシの檻に入ったクマは、餌を摂食した後に苦もなく檻の外に出られるので、食べたい時にやってきて穴から出ていく。すると、クマは自由に食べることのできる捕獲檻の餌に依存するようになる。明らかに人間による餌付け行為である。

このような状況を回避するには、クマが抜け出せる穴に蓋やつっかい棒を設置し、一時的にクマを慌てさせることが必要である。クマがそれなりの力を使えば外れるように調整しておけば良い。逃げる前に危険を感じることにより、再度その檻に入ろうとするクマは減少するだろう。

果樹・飼料作物の被害対策

クマによる農作物の被害は、果樹、トウモロコシ、デントコーン（飼料作物）などが主である。被害に遭う作物は少ないが、体が大きく木登りも得意なクマに、簡易な柵はなかなか通用しない。したがって、これらの被害を防ぐには電気柵が使われることが多い。

クマもイノシシやシカ同様、またはそれ以上に跳躍して柵を越える可能性は低い。クマ対策用の電気柵の張り方は、地面から20㎝、40㎝、60㎝の3段張りが良い（**図1**）。地面から20㎝、45㎝、75㎝と徐々に間隔を広げていく方法で柵線（ワイヤー）を張る場合も見受けられる。この方法で被害を防いでいる事例もあるが、クマの電気柵に対する行動特性を考慮すると、ワイヤーの間隔を変えない前者の方がより有効だろう。

ハチミツは特別な存在

農作物や飼料作物は電気柵を適切に設置すれば、ほぼ被害を防ぐことができる。電気柵の正しい設置方法はイノシシの場合（➡50ページ）と同様である。しかし、電気柵を正しく設置しても被害を防ぐこと

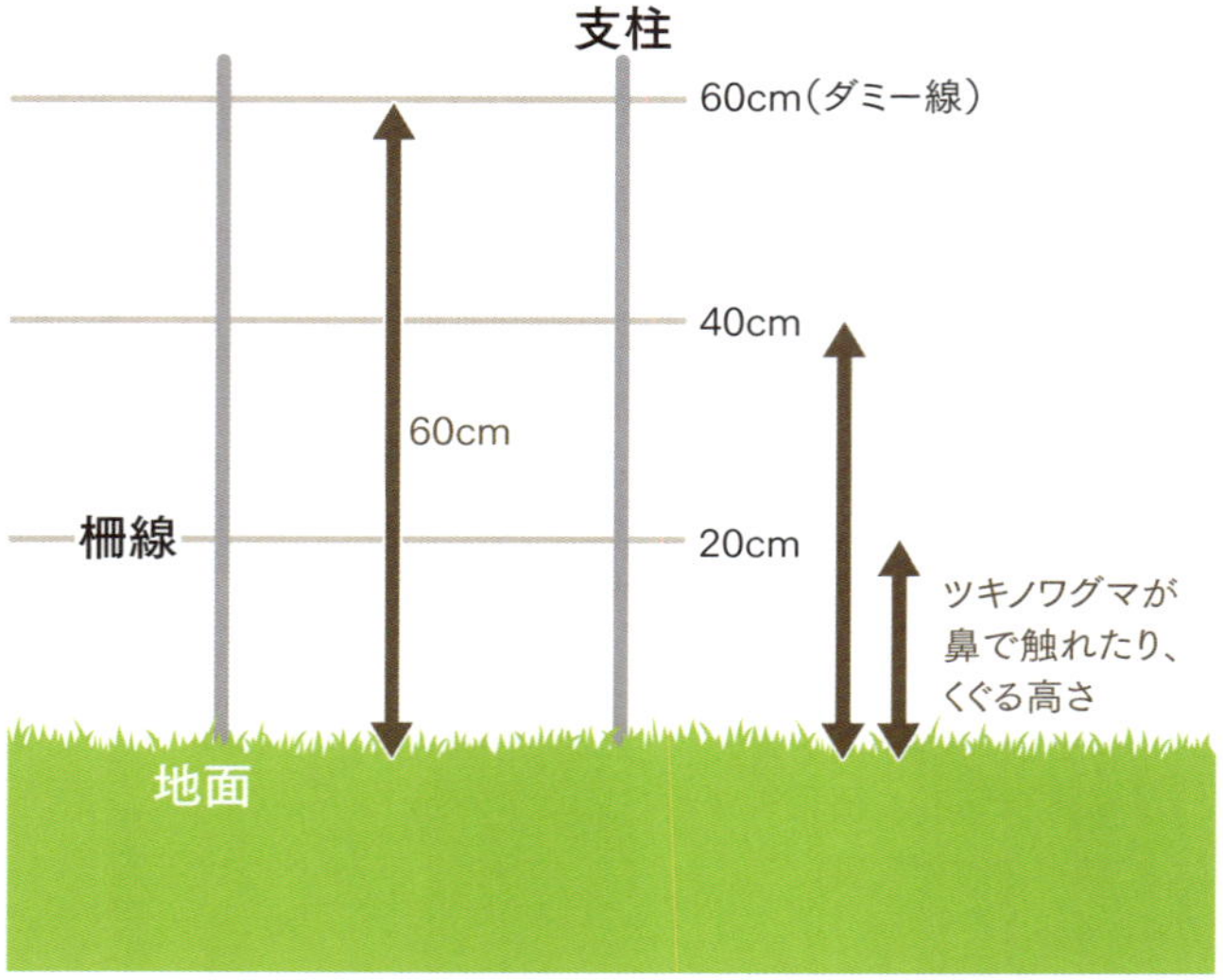

ができない場合がある。それはミツバチの巣箱（**写真4**）を狙うクマである。

『クマのプーさん』にも代表されるように、クマとハチミツは切っても切れない縁にあることは昔からよく知られているが、被害現場を見るとまさにその通りである。他の作物と比べても、クマのハチミツに対する執着心はすさまじい。トウモロコシ畑ではうまく護れた電気柵も、巣箱を囲った場合は勝手が違う。地面に穴を掘って電気柵の下から潜り込む場合や、近くの木を伝って降りてくる場合もある。また、電気柵のショックを手のひらで浴びながらも強行突破してくるクマが撮影されているほどだ。

　このようなクマに対する対策としては、巣箱を周囲の樹木から離し、電気柵を2重、3重に設置して奥行きのある電気柵にすると被害防止効果がある。また、役場の担当者と相談し、電気柵のそばに捕獲檻を設置することも抑止効果につながる場合がある。最近はニホンミツバチの減少が問題になり、イチゴ農家などが受粉用のハチを自家繁殖させている場合がある。ハチミツと果物の組み合わせはクマにとって

図1　ツキノワグマに対応した電気柵の張り方

はこの上なく魅力的であろう。被害に遭う前から被害対策について熟知しておいて欲しい。

油かすや有機肥料にも引きつけられる

ハチミツ以外で、クマが引きつけられるのが油である。油の匂いにクマは誘引されてしまう。アメリカでは、油の染みついた粗大ゴミの厨房機器を、クマが転がしながら山に持っていく映像が記録されているほどだ。山際の納屋に油かすや有機栽培用の肥料袋を大量に保管していると、クマが納屋に侵入して荒らし回るので注意が必要である（**写真5、6**）。

（江口祐輔）

写真4　ミツバチの巣箱。ハチミツを狙ったクマは、あらゆる方法で電気柵を乗り越えようとする。

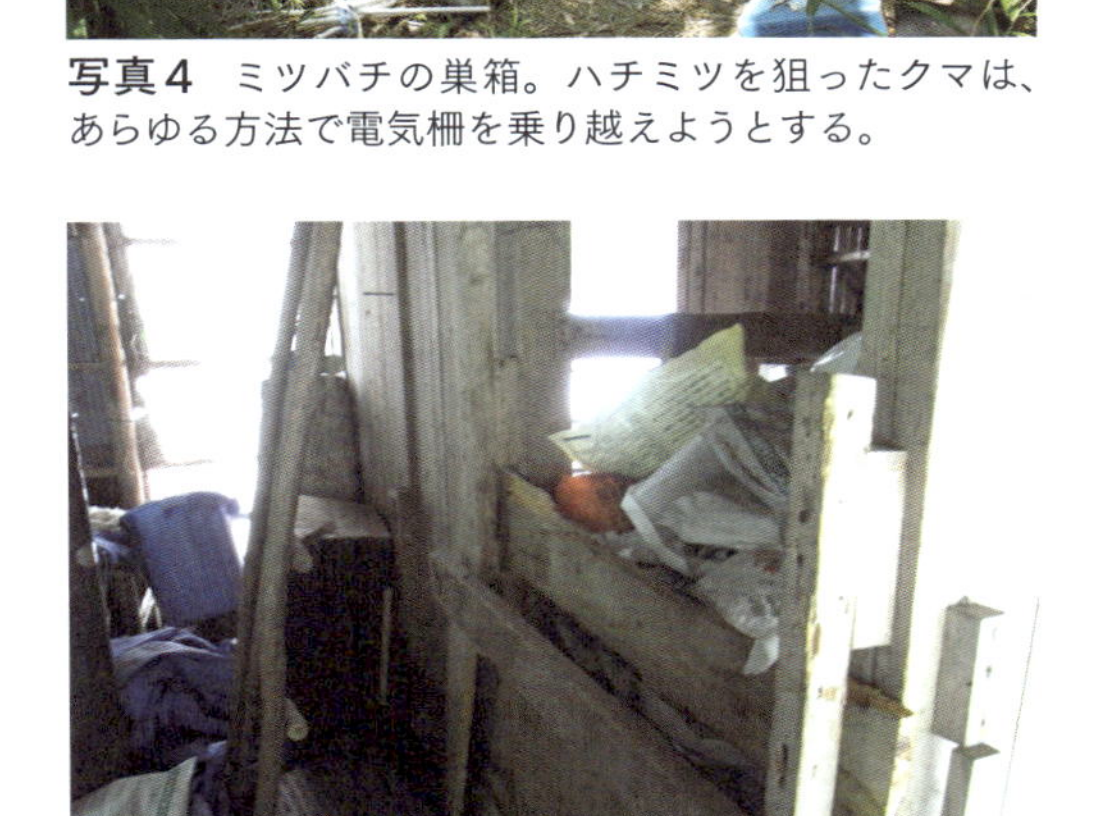

写真5　油かすや有機肥料など、好物があれば納屋を壊して侵入する。

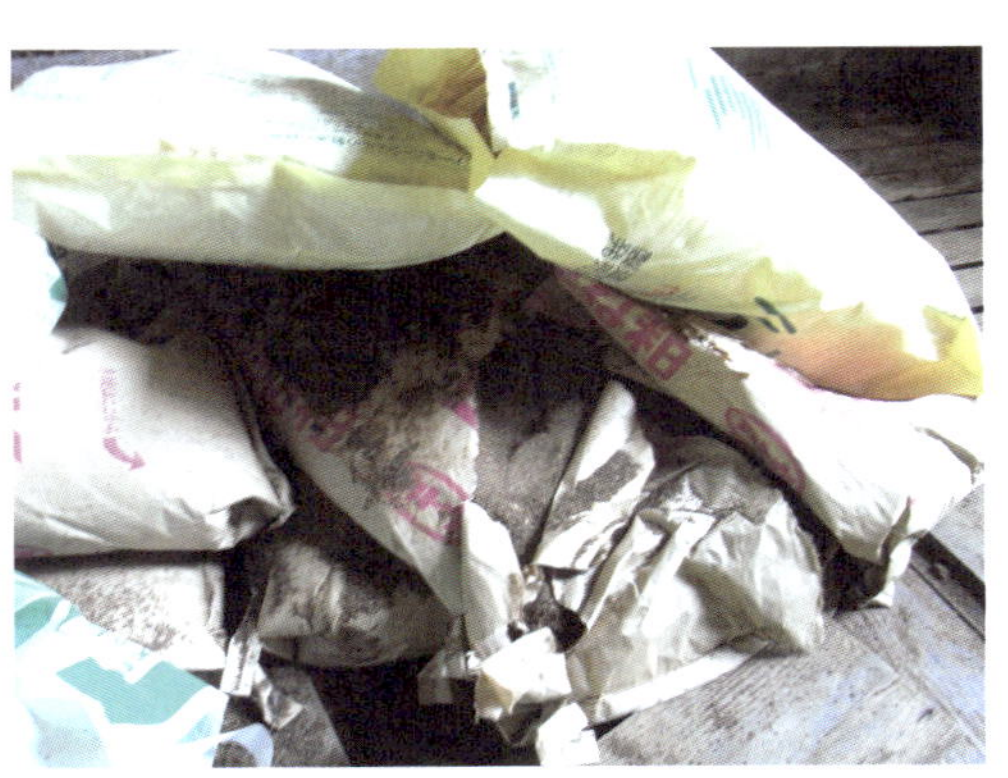

写真6　クマは油を好み、肥料の油かすにも引きつけられる。

ツキノワグマの行動特性と被害対策

燃料の管理に注意

ツキノワグマ（以下、クマ）は、農業現場でよく使用するガソリンや混合油にも誘引される。クマが揮発性の高い油に興味を示す理由は、科学的に明らかにされていない。しかし、被害現場を見る限りクマは燃料を餌とは見なしておらず、嗜好品のように感じているか、匂いの強い物を体に擦り付けることによる虫除け効果を期待しての行動かもしれない。

燃料の入った刈払機が被害に遭い、クマが執拗にいじるため軸が曲がったりエンジンが破壊されて修理不能となることもある。また、燃料を屋外に保管したり、草刈りをして刈払機をその場に放置することはクマを誘引することにつながり、農作物被害や人身被害を助長することになる。

このような被害を防ぐためにも燃料や農機を屋外に放置せず、扉と屋根のある倉庫もしくは屋内に収納することが望ましい。短時間であってもクマが多く出没する地域・期間では、刈払機を作業現場から回収するなどの対策が必要である。

果樹への登り防止対策

果樹はクマによる被害が多い作物である（**写真1**）。大規模な果樹園では、電気柵で防護することが効率的であるが、小規模な果樹園や民家周辺に単体で植えられている果樹では、電気柵を設置することが難しい状況も多い。このような場所では、トタンを樹幹に巻きつける対策が有効である。

写真1 果樹園に出没したツキノワグマ。

写真2 樹幹に残されたクマの爪痕。

クマは樹に登り果実を採食することも多く、果実の被害以外に枝や幹が折れる2次被害が発生するため（**写真2、3**）、登らせないことは重要である。トタンを巻くことにより、クマは樹幹に爪を掛けることができず、登ることを抑制できる。注意点は、クマが立ち上がり前肢を伸ばした位置までトタンが必要であるため、トタン上部が高さ2・5m程になるように設置しなければならない。

また、トタンを固定するために針金などを巻きつけると、そこに爪が掛かってしまうため登られてしまう。固定する場合は、トタンと樹幹の間に角材などを入れ、そこに釘やネジを打ち込むことで爪が掛からなくなる（**写真4**）。

また、トタンは果実が未熟（緑色の状態）の時期から設置したほうが効果的である。クマは餌場と認識した場所には執拗に現れるため、果樹を餌場と認識する前に対策を行うことが重要である。

写真3　クマに食べられたカキの実と折られた枝。

写真4　トタン巻きつけによる果樹への登り防止対策。

トタンによる対策を行っても、落下果実を放置したままでは、クマは出没し続ける。トタンを破壊して強引に果樹を登る個体が出てくる可能性もあり、民家周辺では人身事故を引き起こすことにもなりかねない。トタンや電気柵での対策と並行して、落ちた果実の除去は必ず行うべきである。

ペットの餌も誘引物になる

民家の庭で飼われているイヌが、頭部に瀕死の重傷を負った事件があった。周辺にはクマの足跡とイヌの餌を食べた跡が残っており、状況からクマがイヌを攻撃した可能性が高かった。このようなペットに直接的な被害が出ることは少ないが、ペットの餌がクマの食害にあうケースは近年増加しており、民家周辺にクマを誘引する要因の1つになっている。クマの生息地域ではペットの餌の管理や屋外での給餌に注意を払う必要がある。

錯誤捕獲の危険性

錯誤捕獲がクマに農作物の味を覚えさせている可能性がある。イノシシ捕獲用檻にクマが間違って捕獲されてしまうことが錯誤捕獲であるが、奥山放獣や学習放獣により放たれる場合がある。また、檻の中の餌だけを食べて捕まらない個体もいる。

このようなクマは、誘引餌として使用された米や米ぬか、圧片トウモロコシ等を食べており、その味を覚えている。そのため、この個体が集落や農地周辺に現れた場合、稲やトウモロコシをすぐに餌と見なしてしまう。錯誤捕獲による被害助長を防ぐためには、クマの主な生活圏である奥山ではなく、農地周辺でイノシシの有害捕獲を行うこと（これはイノシシの被害対策としても重要。36ページ参照）、クマの出没が多発する状況では檻の扉を閉めるなど、有害捕獲班との連携した対応が必要となる。

シカの増加とクマ被害の関連性

クマがドングリやカキなどを好むことはよく知られているが、動物の肉、特にシカの肉をよく食べることはあまり知られていない。クマは、シカを狩ってまで食べることは少ないようであるが、病気や怪我で衰弱した個体や死体は良い餌となっている。シカが多く生息する自然公園の管理者の方から、自然死したシカの死体回収作業時にクマとの遭遇が頻繁にあったという話を聞いたことがある。さらに、くくり罠に掛かっているシカを食べているクマと出くわすことも珍しくない。

こうしてシカの個体数増加や生息域の拡大がクマに高栄養な餌を提供していることとなり、クマの個体数や集落周辺への出没頻度を増加させている要因の1つとなっている。両種の被害が多い地域では、シカの被害対策を適切に行うことがクマの対策にもつながることとなる。

クマの世代交代

近年、クマの大量出没が話題になっている。これには複数の要因が重なっており、科学的にもすべてが明らかにされていない。ただ、10月から11月にかけての出没は、堅果類（ドングリ）の豊凶作が大きな要因になっているようである。

しかし近年は、豊作時と凶作時での出没や有害捕獲数の差が明らかに大きくなっており、凶作時のこれらの増加が著しい。筆者個人の見解であるが、クマの世代交代により、彼らの行動が変化しているように感じる。

以前の凶作時のクマは、森林内を広範囲に移動し、餌を探し回り対応してきた。そうした状況下で、森林内の餌に本当に困窮した状態にならなければ、人里や集落といった危険な場所に出没しなかった。

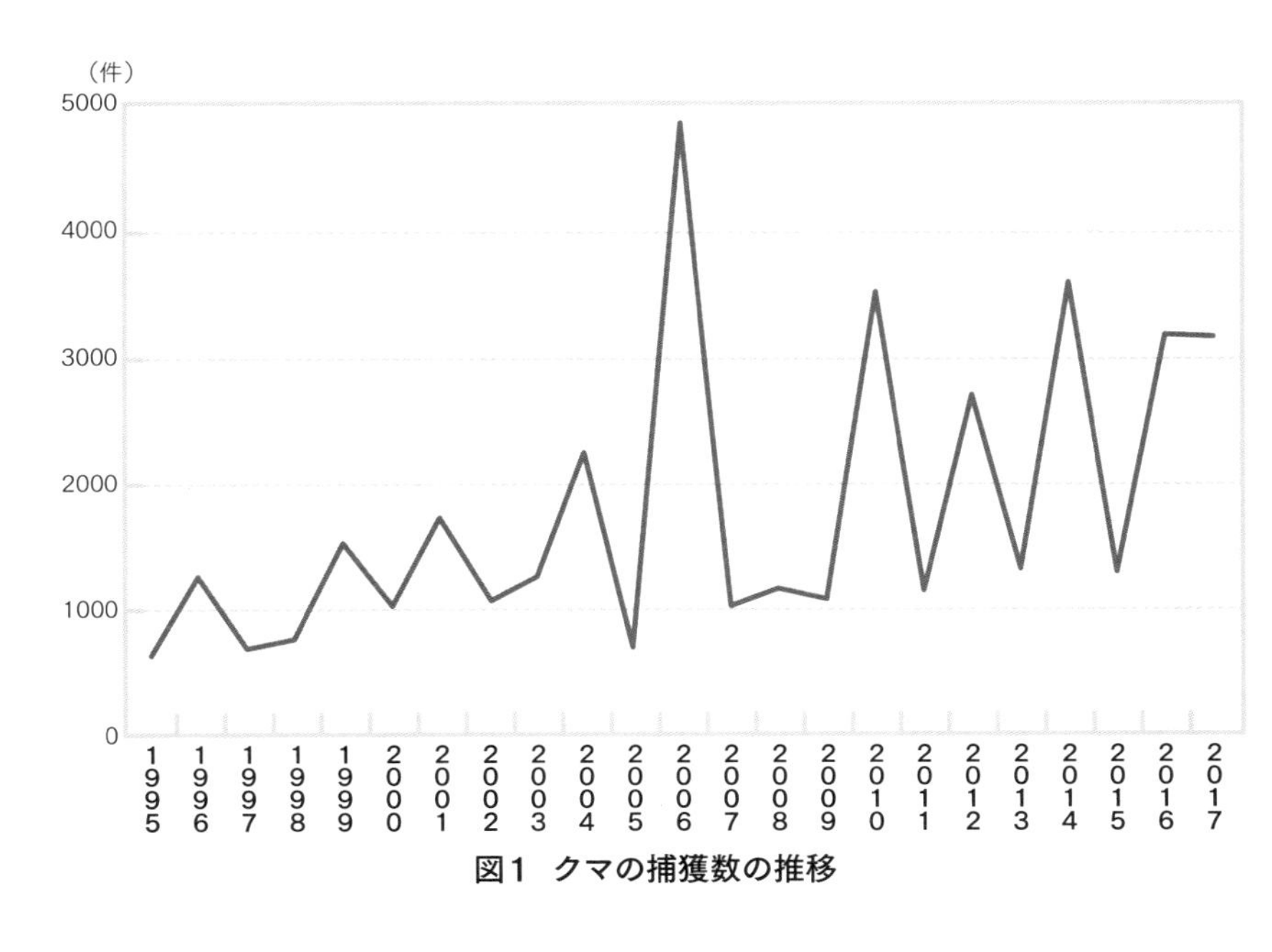

図1　クマの捕獲数の推移

しかし、誘引物（放棄果樹など）の除去などの対策が積極的に行われなかったことから、徐々に集落内の餌を食べる個体が現れるようになり、さらにそのような親グマの行動を見ていた子グマは、安全な餌場として集落を認識するようになったと考えられる。こうした個体は、森林内の餌が少ないと感じれば、すぐに集落の餌に依存するようになってしまう。堅果類と関係ない時期にも集落の餌を集中的に狙う個体も出現するだろう。

このような状況を解消するためには、放任果樹や取り残し果実などのクマの餌となるものを集落内から除去することにより、餌場としての魅力を下げていくことが最も重要である。そして、これを継続することにより、安易に集落へ出没するクマを減らすことになり、農作物被害やクマに対する恐怖による人間側の精神的被害の軽減にもつながる。

（堂山宗一郎）

対策Q&A

Q 熊鈴をつけていれば、クマの方から逃げていく?

A クマの出没地域では山に入る場合、熊鈴は欠かせないアイテムである。熊鈴を持つこと自体は良いことである。しかし、この熊鈴への過信とクマの行動に対する誤解によって、人身被害を引き起こす可能性がある。

一般的に、熊鈴をつけていればクマが鈴の音に気づき、その場から離れていくと考えられているが、完全な間違いである。確かにクマは鈴の音を聴き、人の存在に気づくだろう。しかし、すべてのクマがその場を立ち去るわけではない。むしろ、立ち去るクマの方が少ないかもしれない。臆病なクマはその場でじっと潜み、鈴の音が遠ざかっていくのを待つことが多い。ところが、人間は熊鈴をつけていればクマが離れてくれると思い込み、周囲を気にせずに歩き回ったり、山菜やキノコの採取に夢中になり、その結果、クマに近づきすぎて事故に遭ってしまう。クマからすると自衛的な攻撃行動で、正当防衛なのである。

このような場合に有効なのは、クマ撃退用のトウガラシスプレーである。クマに向かって噴射し、目や鼻、のど粘膜を刺激することで撃退効果を期待するものだが、有効射程距離は短く、5m程度であることを知っておかなければならない。また、一番の短所は値段が高いことである。

(江口祐輔)

第6章

中型野生動物の対策

ハクビシンとはどのような動物か

区別のつきにくい中型動物

農林水産省の農作物被害の統計（平成28年度）では、被害面積の順に動物種が記載されており、シカ、イノシシ、サル、ハクビシン、アライグマ、クマ、カモシカ、タヌキ、ネズミ、ウサギ、ヌートリア、その他の獣類となっている。ハクビシン、アライグマ、タヌキなどの中型野生動物による被害金額は、これまでに述べてきたイノシシ、シカ、サルに比べるとひと桁少ないが、ここ数年、目に見えて被害が増加している。

また、現場における大きな問題として、中型野生動物の見分けが難しく、正しい対策が行われないことが挙げられる。例えば、ハクビシンが農地に侵入したと連絡を受けて現場に行くと、実はアナグマの仕業であることが多い。ハクビシンの少ない地域では圧倒的にアナグマによる被害が多いのだが、両者の判別が難しいので、ハクビシンの被害として報告されているようだ。

写真1 ハクビシン（ジャコウネコ科）。

ちなみに農林水産省の統計にアナグマの項目は見当たらず、その他の獣類に含まれてしまう。これらの動物に加えて、タヌキやアライグマも見分けが難しく、さらに被害対策を難しくしている面がある。そこでまず、筆者らが明らかにしたハクビシンの行動特性を紹介しながら被害対策を述べていきたい。

ハクビシンの性質と行動特性

ハクビシン（白鼻芯／**写真1**）は食肉目ジャコウネコ科に属し、もともと日本にいなかった動物であるが、明治以前にはすでにその存在が知られていた。頭から尾までは約1m、尾が長く、その4割以上を占めている。夜行性であるため、明るい場所では目撃できないことが多いが、尾の長さでアナグマやタヌキなどとは区別できる。顔の特徴はその名の通り、額から鼻にかけて白い線が入っていることである。

1 聴覚に優れる

ジャコウネコ科の動物は、超音波も可聴域にあるらしいことが、解剖学的、神経生理学的な実験から知られている。このような研究は、動物自身が本当に音を聞いているかどうかを調べたものではないため、実際に超音波を動物が聞いているかどうかを動物の行動によって確認する必要がある。

ハクビシンは他の動物とは違う独特の行動特性を持っている。特に高い周波数の音を聞かせると、両耳を交互に前後へ動かす。この行動を基に可聴域を調べると、40㎑の超音波も聴くことができる（人間は20㎑まで）が、ハクビシンは耳を動かすだけで、音に対して怖がる行動は示さない。したがって、『動物を追い払う』とうたっている超音波発生機器が販売されているが、効果はない。

2 複雑な味覚をもつ

ハクビシンは雑食性で何でも食べるが、甘い物を好む。果樹被害が多いことからも明らかなようであるが、ハクビシンの味覚試験を行った結果、意外にも複雑な味覚を持つようだった。甘味に対する反応は、高濃度でないと嗜好を示さなかった。また、酸味は比較的好むが、アルコールに対して拒絶を示すハクビシンが多く、果樹園で甘味が強くても、熟して発酵が進んだ果実はあまり被害を受けない理由はこのあたりにあるようだ。

3 跳躍能力

ハクビシンは障害物が高くなると、飛び越えるよりも乗り越えようとする。30㎝なら跳び越えるが（**写真2**）、40㎝程度になると後肢だけで立ち、障害物の上部に前肢を掛けて器用によじ登って越える（**写真3**）。障害物をさらに高くすると、前肢の指を障害物の上部に引っ掛けるためのジャンプを行う。ジャンプして前肢の指先が届く高さは1m程度で、あくまでも障害物をよじ登るために跳躍する。

4 木登りと綱渡りが得意

ハクビシンは木登りが得意である。雨樋など爪の掛からない塩ビ管なども、足裏の吸盤のようなパッドを使って器用に登る。さらに細い枝や、電話線、果樹園の枝やつるを固定する針金も渡ることができる。綱渡りの能力を調べたところ、直径1㎜以下の細い針金でも歩行して綱渡りができることがわかった（**写真4**）。綱渡りする際は長い尾を繊細に動かしてバランスをとることが重要であり、何らかの理由で尾が曲がってしまった個体は綱渡りが苦手である。

5 追い払いに光は効果なし

農作物の被害現場では、光を利用して野生動物を追い払おうとする試みも行われているが、効果がないことをこれまでも述べてきた。そこで、ハクビシンに対しても光の照射実験を行った。車のヘッドライトより明るい非常に強い光をハクビシンが近づいた時に照射した。しかし、ハクビシンは驚く様子もなく光を無視したり、明るくまぶしい光に近づき、まじまじと光源をのぞき込んだ。このような反応では、やはり光を防除に使うのは難しいことがわかる。

被害はどこから始まるのか

ハクビシンは樹上で生活し、樹洞で繁殖を行う。しかし、作物を食害するハクビシンは農地周辺の神社仏閣や、廃屋、倉庫、集会所などを休息場所としている場合が多い。人里には無防備な農地や収穫残渣、ゴミ捨て場などがあり、安定して餌が得られることを学習するのである。

また、このような環境に慣れた個体は、人気（ひとけ）のある住宅の屋根裏までも生活の場とする。ハクビシンの被害を未然に防ぐには、果実の収穫残渣や生ゴミ等の管理を徹底して行うこと、集落内の建物に棲まわせないことが重要となる。その上で、農地の被害対策を行うことが必要である。

（江口祐輔）

写真2　ハクビシンの跳躍。障害物が30㎝程度なら飛び越える。

写真3　障害物が30㎝より高くなると、障害物に前肢を掛けてから登る。

写真4　ハクビシンは綱渡りが得意。直径1㎜以下の細い針金でも歩行して綱渡りができることが確認されている。

ハクビシンの侵入経路

農作物被害を起こしているハクビシンは、農地周辺の神社仏閣や廃屋、倉庫、集会所などの人の出入りが少ない建物だけでなく、人家の天井裏も休息や繁殖の場として利用している場合が多い。

ハクビシンによる家屋侵入は、走り回った時の騒音や糞尿による汚染など、建物の損傷や衛生面の悪化といった直接的な被害だけにとどまらない。休息や繁殖場所の提供によりハクビシンを集落内に留まらせ、周辺地域での個体数増加を助長し、農作物被害を悪化させる間接的な被害の要因にもなる。

神社仏閣や廃屋などの人の出入りが少ない建物では、ハクビシンが棲みついても直接的な被害として認識されないことから、対策が行われない場合がある。しかし、周辺地域での農作物被害対策の一環として、ハクビシンを集落内に棲まわせないために、このような建物についても侵入防止の対策を行う必要がある。

どのような隙間から入るのか

ところで、頭から尾の先までが約1mもあるハクビシンは、一体どこから建物内に侵入するのだろうか。著者らが明らかにしたハクビシンの行動特性を紹介し、家屋侵入の対策について述べる。

実際にハクビシンで実験したところ、成獣個体でも①6×12㎝の長方形、②一辺8㎝の正方形、③直径9㎝の円形の隙間から侵入した（**図1**）。小さな隙間から侵入する際には突出している肩や腰が引っ掛かるが、ハクビシンの体は非常にしなやかで、体を

図1　ハクビシンの侵入実験

6×12㎝の長方形の隙間に侵入を試みる

突出している肩や腰が引っ掛かるが…

体をねじりながら侵入していく

小さな隙間への侵入に成功した

ねじりながら侵入してゆく。

一般的に、動物は頭が入ればその隙間から侵入できると言われるが、ハクビシンの場合、頭は入っても肩が入らずに隙間からの侵入をあきらめることがある。また、肩よりも腰の方が高さも幅もあるのだが、肩まで入ってしまえば、あとは力ずくで隙間に腰をねじ込む。

もともとハクビシンは樹洞などの狭い空間を休息や繁殖場所にすることから、小さな隙間に対しても積極的に侵入を試みるようだ。これだけの小さな隙間から侵入できるのであれば、通風口が随所に設けられている日本家屋では、思いもよらぬところから侵入されてしまうだろう。

垂直な隙間も登る

ハクビシンは木登りが得意であり、雨樋などの爪が掛からない構造物も足裏のパッドを使って器用に登ることはすでに述べた（➡122ページ）。

ハクビシンのパッドは、表面は分厚い皮に覆われているが触ると弾力があり、しっとりしている（**写真1、2**）。

このパッドを滑り止めにして、2枚の板で形成された垂直な隙間も登ることができる（**図2**）。2枚の板の間では、背中と四肢でそれぞれの板を押して体を支えつつ移動する。実験では、幅6㎝から25㎝の垂直な隙間を登った。

家屋の壁は、一般的に通気性や断熱性を確保するため、中が空洞の構造をしている。木材の規格上、壁内の空間は10～15㎝であることが多く、ハクビシンが一番登りやすい幅になっている。

これまでハクビシンは家屋の壁の中を移動しているようだ、と考えられていたが、実際に家屋の壁内を自在に移動できる身体能力を持っていることが明らかになった。

写真1　ハクビシンの足裏にはパッドが発達している。

写真2　パッドは厚みがあり、地面に足をつけても爪はほとんど接触しない。

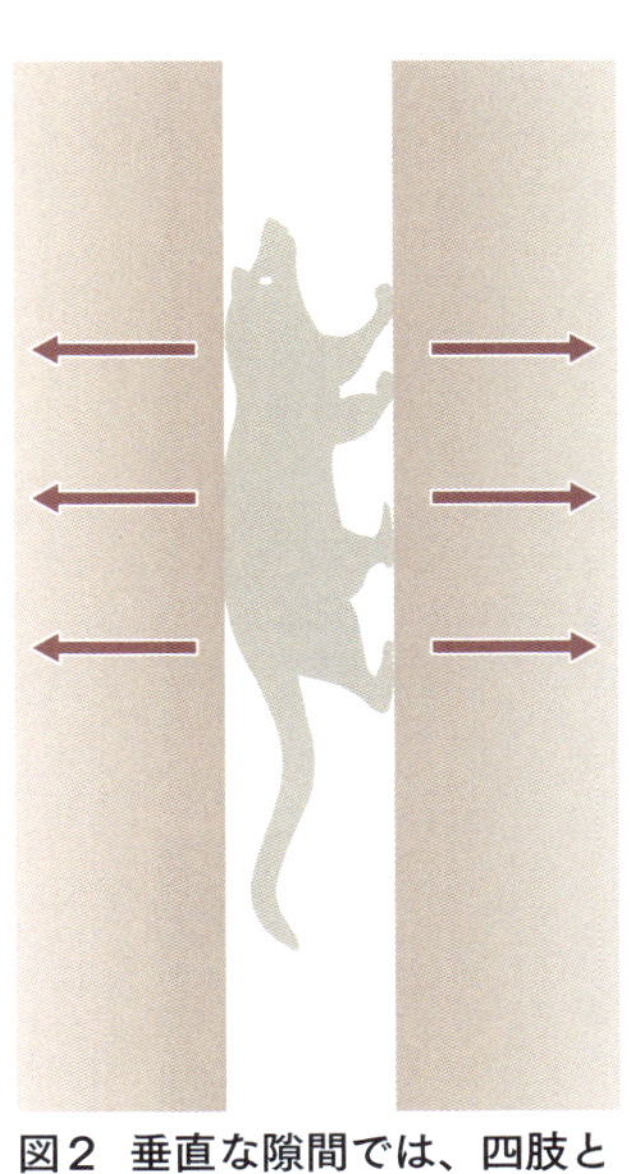

図2　垂直な隙間では、四肢と背中で板を押して登る

侵入口となる隙間をふさぐ

さて、これまで述べてきたハクビシンの身体能力を念頭に、集落内の建物を改めて見てほしい。

床下に設置されている通風口には、ハクビシンが侵入できない大きさの金網やカバーが設置されているか？　カバーは老朽化により破損していないか？　その他、増築・改築部や出窓、戸袋の下に隙間ができていないか？

実際にハクビシンに侵入されたお宅を何軒か見させていただいたが、侵入経路は「床下パターン」もしくは「屋根下パターン」のケースが多い。

「床下パターン」では、浴室などの湿気対策で、床下に壁内の空洞が解放されている隙間から壁内部を登り、天井裏に入り込む（**写真3、4**）。「屋根下パターン」では雨樋や電線を移動して、屋根下にできた隙間から天井裏に入り込む。

どちらのパターンでも、ハクビシンが侵入できる大きさの隙間を見つけ、ふさぐ必要がある。建物に侵入したハクビシンを捕獲しても、侵入口をふさがなければ、他の個体が侵入し、被害を繰り返す。縄張りが明確でないハクビシンは、複数頭で同じ休息場所を利用することもあり、侵入個体の捕獲だけではイタチごっこが続く。

隙間をふさぐ金網の選び方

通気性を目的に設けられている家屋の隙間は、板

写真３　ハクビシンの代表的な侵入経路「床下パターン」。

写真４　床下から壁内の空洞が開放されている隙間から壁内部を登り、天井裏に入り込む。

でふさいでしまうわけにはいかないので、金網でふさぐ。この時にハクビシンが入れない大きさだからといって、ホームセンターで一番安い、目合が大きく線径が細い金網を選ばないで欲しい。目合が大きく線径が細い場合には侵入欲求が高まり、金網を噛むことがある。一晩で噛み切られることはないが、何頭ものハクビシンが訪れて金網を噛んだ場合、耐用期間はぐっと短くなってしまうだろう。

また、線径が太くても目合が大きい金網では、目合から頭を入れて侵入を試みるなど、やはり侵入欲求が高まってしまう。

金網の耐用期間を維持するためには、目合の小さなものを使用し、隙間を作らないように金網の四辺をすべて固定することが望ましい。設置時の取り扱いやすさも考慮すると、ホームセンターなどで購入できる２㎝目合の亀甲金網でふさぐことをおすすめする。

（加瀬ちひろ）

ハクビシンに対応した防護柵設置

ハクビシンは雑食性で甘い物を好む傾向にあるが、トマトやトウモロコシなどの作物も食害し、養鶏場やペットのニワトリを襲うこともある。農地周辺に残された足跡や食痕から、ハクビシンの仕業であることが確認された場合には、防護柵の設置が有効な手段となる。

ハクビシン被害の特徴

ハクビシンは夜行性の動物であるため、農作物被害の現行犯として目撃されることはほとんどない。その身軽さから、果樹の被害では枝が折れたり、幹に目立つ爪痕を残すことは希であり、トウモロコシの被害では、日中カラスがついばんでいるのを見て、カラスの仕業であると誤解されることもある。

しかし、ハクビシンは特徴的な食痕を残す場合がある。例えば、ブドウにかけた袋が一部だけ上から下に破れ、地面に人が食べたように皮だけが残されていたら、ハクビシンの仕業である（**写真1**）。ハクビシンはブドウ棚から逆さになって口で袋を破り、口の中でブドウの実だけ器用に食べ、皮は吐き出す。ミニトマトやギンナンなど、皮が硬いものは同様に皮を出すことが多い（**写真2**）。

また、ナシやカンキツ類は、枝から逆さになって果実の下側を食べるため、枝に食べ残した果実が残る。カラスの仕業であると思い、テグスや防鳥ネットを張ったが被害が収まらない場合や、荒らされた様子がなく特徴的な食痕が残されていた場合には、ハクビシンによる被害が疑われる。

電気柵が効果的だが…

ハクビシンは「登る」能力に優れており、様々な構造物を登ることができる。トタン板やネットで農地を囲っても柵を登って侵入されてしまうため、天井までネットで囲うか、もしくは電気柵の設置が必要になる。

通常、電気柵を設置する場合、柵線を張る高さは対象動物の鼻などの通電しやすい部分が触れる位置にする。ハクビシンの場合は体高が低いことから、地上から5㎝、10㎝の位置に柵線を張ることが推奨されている（**写真3**）。しかし、地面には凹凸があり、

写真1　ハクビシンに食害されたブドウ。袋の一部が破れ、垂れ下がっている。

写真2　ハクビシンは口の中でブドウの実だけ器用に食べ、皮は吐き出す。

この高さを保ちながら農地を囲うことは難しく、漏電の危険性が高い。また、電気柵設置後の下草管理も大変である。

　このような問題に直面し、発想の転換により生まれた柵が、埼玉県農業技術研究センターの古谷益朗氏により開発された「白落くん」である。

写真3　ハクビシンの鼻など感電しやすい部分が触れる高さ（地面から5㎝、10㎝）に電気柵を設置。

「登る」行動を逆手にとる

「白落くん」はハクビシンの「登る」行動を逆手にとり、登った先で通電させるタイプの電気柵である（**写真4**）。ハウスの支柱に使われる鉄製の直管パイプを骨組みに防風ネットを張り、柵の上部で電線に触れると、直管パイプをアースにして感電する仕組みだ。柵の高さは90㎝程度であるため、その上5㎝の高さに柵線を張っても下草による漏電の心配はない。すでに設置されているネット柵に電線を追加することで、「白落くん」タイプの柵に改造することもできる。

　また、地面をアースとする電気柵では地面がコンクリートであったり、極端に乾燥した影響により電気ショックが弱まる問題があるが、この方法では直管パイプをアースとしていることから安定した電気ショックを与えられることもメリットの1つである。

　詳しい設置方法については、埼玉県ホームページ

写真４　電気柵の「白楽くん」を設置した圃場。

から『「白落くん」の設置マニュアル』がダウンロードできるようになっているので、そちらを参照していただきたい（https://www.pref.saitama.lg.jp/b0909/documents/hakuraku3-3.pdf）。

「白落（はくらく）くん」設置の注意点

「白落くん」は、ハクビシンを登らせて柵の上で感電させることをコンセプトとしているため、いかに登らせるか、いかに柵線に触らせるかがポイントとなる。

1 潜り込み防止

ハクビシン以外の動物でも同様であるが、障害物があると、まずは下から潜り込めないか周囲を歩き回る。すでに述べたように、ハクビシンは6×12㎝の隙間があれば侵入してしまう。『「白落くん」設置マニュアル』にも設置の注意点として記載されているが、柵周りに張った防風ネットは畑の外側に少し傾きをつけて15～20㎝程度埋めると、下からの滑り込みを防止できる。

2 作物との距離

柵と作物の距離も重要なポイントになる。一般的に、柵の効果を高める方法として、作物から少し離して柵を立てることが推奨されている。自分に置き換えてみると、確かに目と鼻の先に目当てのものがあると、頑張れば手に入るかもしれないと必死になるが、少し離れていればあきらめるかもしれない。

しかし、野生動物にもそんな心理的作用があるのか疑問である。そこで、柵と餌の距離の違いでハクビシンの行動がどのように変わるか、次のような実験を行った。

8頭のハクビシンに協力してもらい、彼らが突破できない柵の向こう側、20㎝、40㎝、60㎝の位置にそれぞれ餌を置いた（**図1**）。

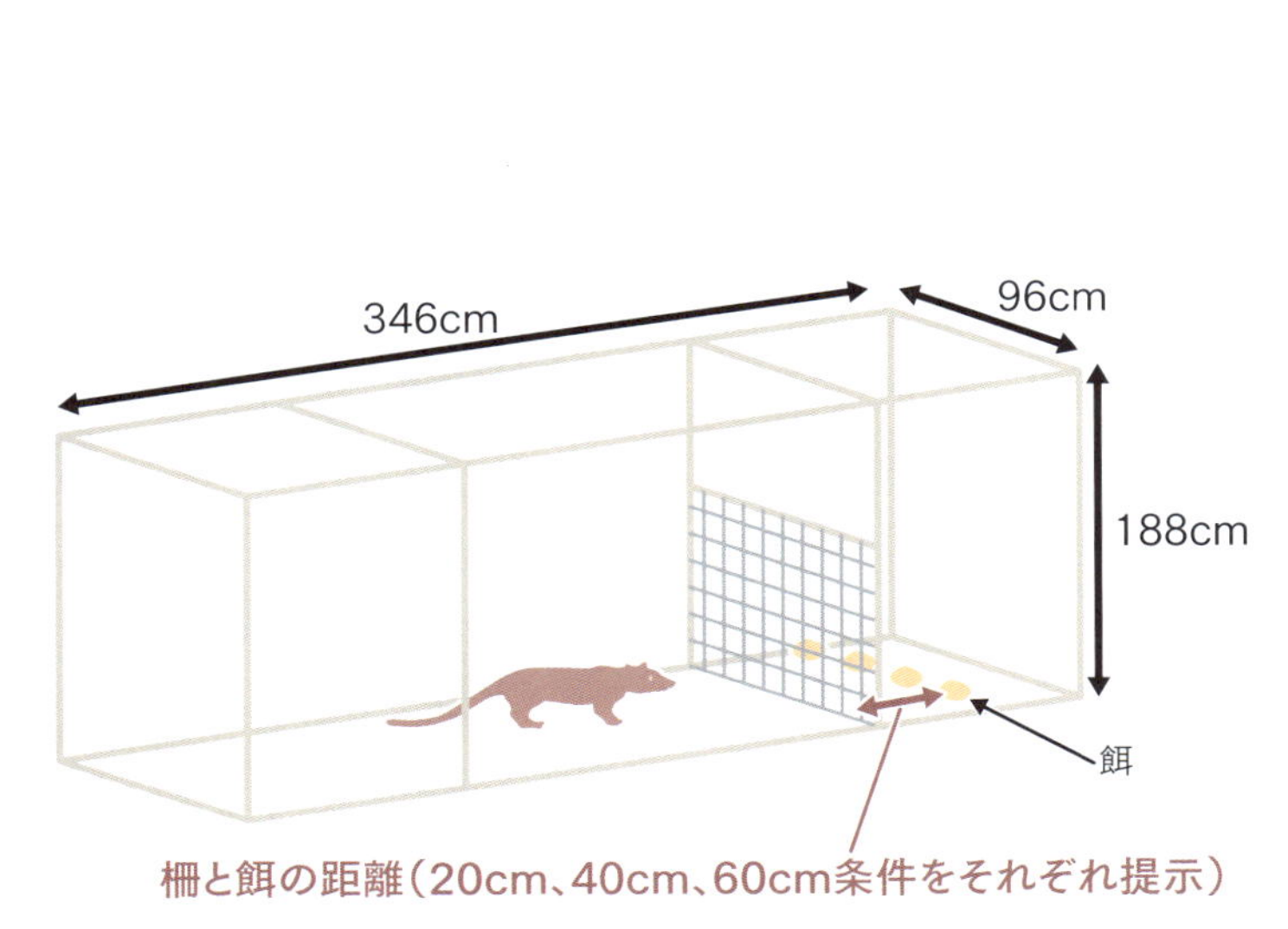

図1　実験装置の概要

柵に対する反応を15分間観察したところ、柵基部に鼻先を入れたり、前肢で触れたり、柵を噛んだりする行動は20㎝条件で最も長く現れ、餌の距離が離れるほど短くなり、60㎝条件では20㎝条件の半分に減った。

このことから、数十センチの違いでも彼らの執着度は変化し、柵の侵入防止効果を高められることがわかった。ハクビシンの登る行動を速やかに引き出すためには、作物から50㎝程度離して柵を設置するのが望ましいだろう。

今回はハクビシンで実験をしたが、他の動物でも「距離の影響」がある可能性は高い。野生動物も私たちと同じような心理が働くのであれば、柵と作物の距離を離す以外にも、ちょっとした工夫による「心理作戦」で上手に畑を守ることができそうだ。

3 横支柱は外側

柵上部に横支柱として組んだ直管パイプと柵線の位置関係によって、通電の成功率は変化する。横支柱を畑の内側に設置すると、ネットを登ってきたハクビシンは柵線と横支柱の間をすり抜けやすく、通電せずに農地へ侵入してしまう。

一方、横支柱を外側に設置すると、ハクビシンは支柱を越えて柵線の間を抜けようとするため、電線に鼻先が接触しやすい（**図2**）。ちょっとした違いだ

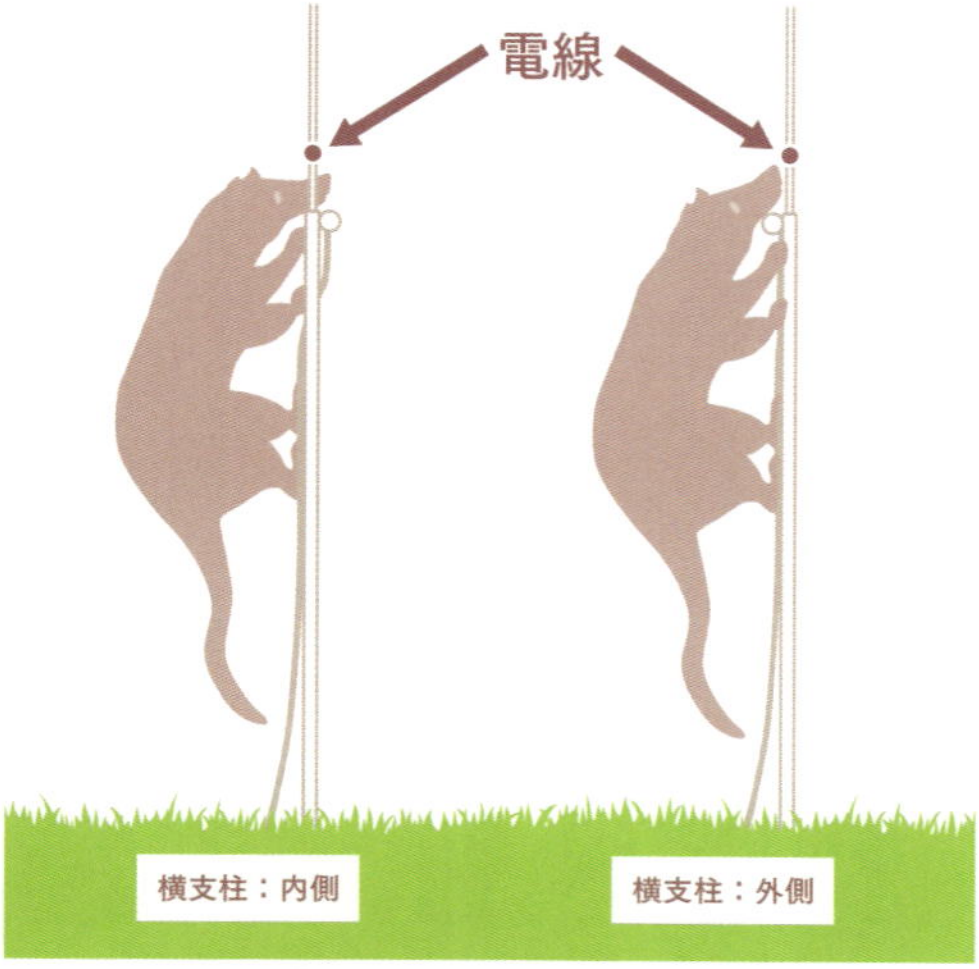

電線
横支柱：内側
横支柱：外側

図2 「白楽くん」設置のポイント

「白楽くん」の横支柱を内側にすると、ハクビシンは支柱と電線の間をすり抜けやすいが、外側にすると鼻先が触れやすい。

が、横支柱の位置を外側にするだけで、柵の侵入防止効果が高まる。

4 角を作らない

ハクビシンは爪を引っ掛けて登ることをあまりしない。「白落くん」を登る時も、柵の四隅の支柱をパッドで挟んで登ることが多い。この時、柵の四隅を直角にすると、登ってきたハクビシンの鼻先は柵線に触れにくい。柵の四隅は支柱を増やし、横支柱は太い樹木や電柱などに沿わせて曲げ、角を作らないようにすると良い（**写真5**）。

5 24時間通電にする

電気柵の種類によっては、周囲の明るさをセンサーで感知し、通電時間帯を夜間のみに設定できるものもある。ハクビシンは夜行性であることから、コスト削減のため電気柵の通電を夜間のみにしている場合があるが、通電のON・OFFの境目となる薄暮時は、活動している時間帯だ。せっかく張った柵も、通電していなければ意味がない。夜行性の動物だからと思い込まず、ぜひ24時間通電にしていただきたい。

（加瀬ちひろ）

写真5　柵の四隅を直角にしてはいけない。横支柱は太い樹木や電柱を使って曲げると、きれいに仕上がる。

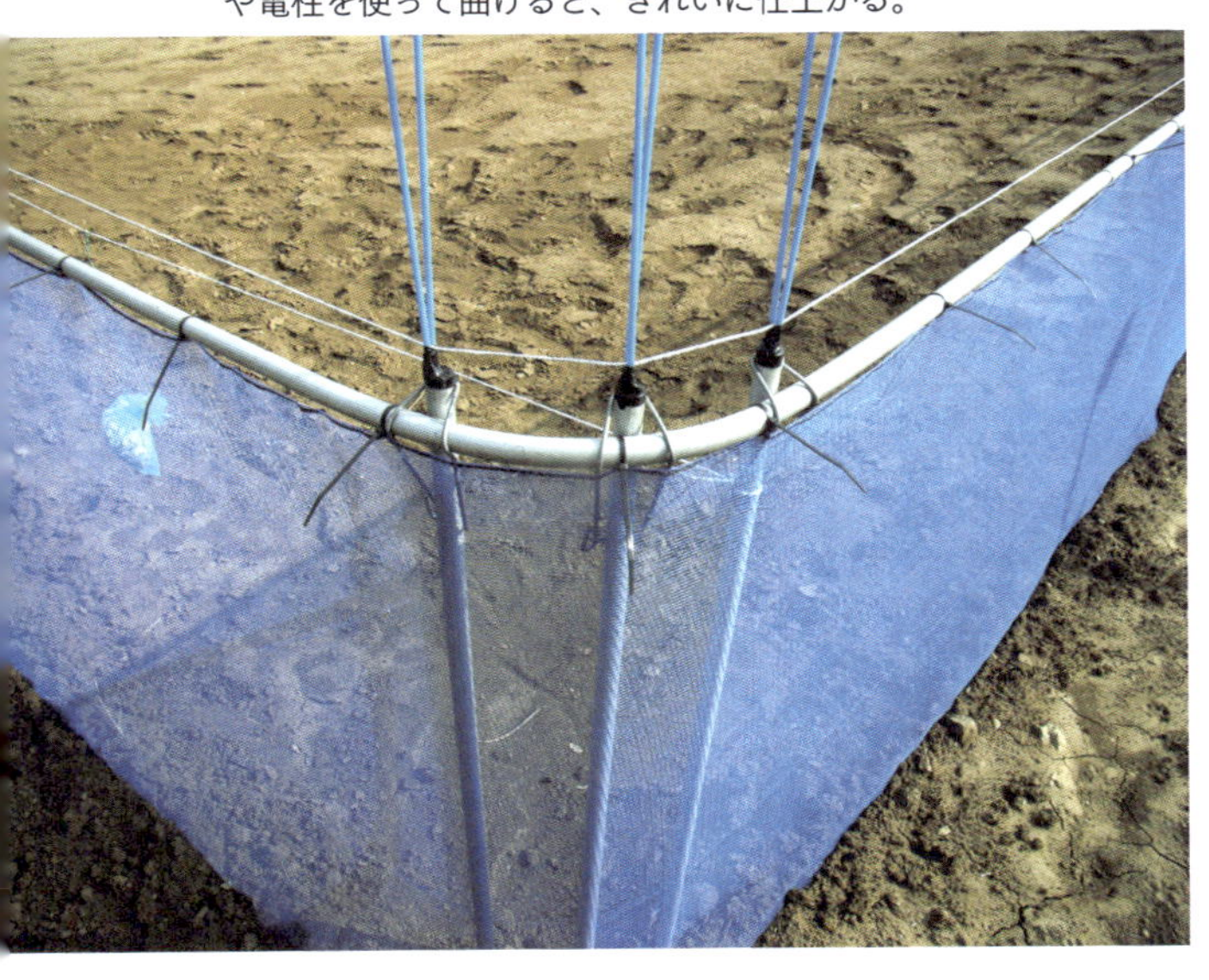

アライグマの被害と対策

はじめに

中山間地域では古くからサル、イノシシ、シカなどの在来動物との戦いの歴史がある。このため、野生動物の問題は「山の問題」と言われ続けてきた現状がある。しかし、最近になって、もともとは日本にいなかった動物、アライグマの存在が問題となってきている。

アライグマは在来動物とは異なる生活や行動様式をもち、優れた運動能力を備えた農作物にとって手強い動物である。また、環境への適応能力が高いため、生息域の拡大が非常に速く、侵入に対しての警戒および侵入してしまった地域の迅速な対応が求められる。

写真1 アライグマ（アライグマ科）。

アライグマとはどのような動物か

アライグマ（**写真1**）は北米原産のアライグマ科の中型動物で、外来生物法（環境省：2005年）による特定外来生物に指定されている。日本では

1960年代に野外での生息、1977年には繁殖が確認されている。そして、この年（1977年）に放送されたテレビアニメによって人気となりペットとして多くの個体が輸入された。

しかし、飼育をしてみると性格は荒く、アニメのようなかわいい動物ではないことがわかり、多くの個体が日本の自然環境下へ放たれることになった。これが、現在抱える悲劇の始まりである。

1 形態

成獣の大きさは頭胴長が40～60cm、尾長が20～40cm、体重が平均で5kg、雄の大きな個体は10kgを超える。ただ、大きさについては地域差があるようで、雌でも10kgを超える個体が確認されている地域もあるようだ。

外見的な特徴は目の周辺を覆う黒い部分（アイマスク）と縞々の尾である。尾の縞は5～7本で、本数やパターンは個体により少しずつ異なる。体色もペットとして販売されていた頃はグレーやブラウンタイプなど数タイプに分けられていたようだが、現在、野生化しているタイプはほとんどがグレー系統である。

2 生活

アライグマは夜行性とされ、主に夜間に活動するが昼間も活動する。野外の調査では、昼間自分の意思で餌を探しに行く個体をよく見かける。昼夜いつでも活動すると考えた方がよい。ねぐらは神社仏閣や住宅・倉庫等建物の天井裏、野積みされた枝や廃材の下、アナグマが掘った穴などを利用する。1個体が複数のねぐらをもっていて、餌場に近い場所を転々としながら収穫時の農作物に被害を与える。

繁殖は春期に集中し、4月の中旬が出産のピークとなる。出産場所は通常使用している行動域内のねぐらをそのまま使用する場合と、通常の行動範囲とは異なる場所に移動して行う場合がある。最近の調査では移動説が有力ではないかと考えられている。

産仔数は1～7頭で、秋遅くまで母親と行動を共にする。行動域の広さは餌の量によって決まり、年間を通じて豊富にある場所であれば狭い範囲で生活することが可能だ。餌場への移動には河川や用水路、側溝等の水際を使うことが多い。行動域の拡大も河川を利用することが多く、分水嶺を越えて移動した例もある。

3 行動

アライグマは木登りが得意だ（**写真1、2**）。原産国におけるもともとの繁殖場所は高い樹木の樹洞等で行われていたこともあり、優れた能力として備わっていると考えられる。アライグマの登る技術は爪と手のように使える前肢を巧みに使うもので、爪が主体ではない。肢裏が主体で爪は補助的に使うため、猫などのように爪痕にささくれができない（**写真3**）。爪で登らないので、木はもちろんパイプなど様々なものに対応できる。また、前肢は物を掴んだり扉を

写真2　アライグマは木登りが得意。写真は木から下りる様子。

写真3　アライグマが登った柱の爪痕。爪は補助的に使うため、爪痕にささくれができない。

写真4 アライグマによるトウモロコシ被害。

写真5 ブドウの袋は前肢を使って破く。

写真6 前肢の跡がついて汚れたブドウの袋。

写真7 スイカは前肢を使って中身だけを食べる。

開けることもできるため、あらゆる場所から侵入が可能な動物である。

4 被害

アライグマは雑食性で何でも食べる。甘いものを好むため、ブドウやトウモロコシ（**写真4**）、スイカをはじめとする糖度の高い作物が狙われる。被害の特徴は、被害作物に残される「前肢の痕跡」である。ブドウなどの袋掛けする作物は前肢を巧みに使って破くため、袋は裂いたようになり、前肢の跡が汚れとなって残る（**写真5、6**）。袋掛けしない作物でも、汚れがあったらアライグマの可能性が高い。スイカは直径5～6㎝の穴を開け、前肢を使ってくりぬくように中身だけを食べる（**写真7**）。このような食べ方ができるのはアライグマだけだ。このほかの作物被害についても、爪跡や枝折れなどが多数残されるので注意して見れば区別は容易である。

被害対策の考え方

アライグマの被害対策を効果的に進めるためには、「食・住・体」への正しい対応が基本となる。

「食」は、増加の手助けをしている餌を与えないということである。集落の中には餌となる食べ物が多く存在している。対策をしていない無防備な畑や果樹園、収穫残渣や廃棄果樹、生ゴミ置き場などが年間を通じて食べることには困らない魅力的な場所を作り出している。「食べ物があるから動物が来る。食べ物があるから動物が増える」。当たり前のことであるが、対策を行うにあたって再認識しなければならないことである。

「住」は、安心して休息、繁殖できる場所をなくすことである。アライグマは家屋などの建築物内をねぐらにすることが多く、廃屋や倉庫、廃校舎、神社・仏閣、集会所などの建物が狙われる。特に神社・仏閣は隙間が多く、普段は人の気配もしないため複数の個体に利用される。居心地が良ければ雌は出産場所としても利用し、地域内の生息数を増加させることになる。

被害が集中して発生する地域には、必ずねぐらとして利用されている建物が多く存在している。これらのねぐらに侵入できないようにするだけでも周辺の被害が減少することが確認されている。侵入された建物が増加の手助けをしているという事実を共有し、「住まわせない」対策を地域全体で行うことが重要である。

「体」は、効率的な個体管理(捕獲)の実施である。農作物の被害管理としては、被害を与えている個体を効率よく捕獲することが重要なポイントとなってくる。そのためには田畑を守りながら自らが捕獲するといった農業者の意識改革が必要となってくる。

また、アライグマは特定外来生物に指定されているので、個体数調整も積極的に実施する必要がある。個体数調整のための効率的な捕獲は、繁殖時期を特定して集中的に行うことが有効だ。アライグマの出産期は4月中旬に集中することが確認されている。この時期を中心として出産前や出産直後に捕獲圧を高めることができれば、個体数の減少につながると考えられる。

以上のように、被害対策は3本の柱を総合的に実施することではじめて効果が見えてくる。どの柱が欠けても効果を期待することはできない。

現在のところ、自然のままにアライグマが減少する要素はない。農作物被害、家屋侵入等の問題を解決するためには、地域と生活するすべての人の力が必要になると考えられる。

侵入防止柵設置の考え方

侵入する動物に餌を与えないことは農業生産者の役割である。被害を受けるというのは餌を与えて増加の手助けをしているのと同じだからだ。このため、アライグマが生息している地域で農業生産活動を行うには、しっかりとした対策が必須となる。

侵入防止柵による対策の基本は「相手を知る」ことである。動物の行動には種類によりそれぞれ特徴がありパターンがある。そして、得意な行動はどこでも行い、何度でも繰り返す事実がある。得意とする行動を知ることによって、侵入を試みる動物が「ほんとうにイヤがる！」被害対策を組み立てることが可能になるわけだ。

アライグマを侵入させない対策を組み立てるにあたって着目した能力は、「登る」と「侵入のために穴を掘らない」の2点である。農地への侵入には優先順位があり、調査結果では①隙間、②登る、の順となっている。登ることが得意であっても、隙間があればそこから侵入する行動が優先になる。得意である「登る」行動を引き出すためには、地上部とネットの間の隙間をなくすことが重要である。登らせられれば地上から高い不安定な場所で感電させることが可能となり「イヤな場所」としての意識付け効果が高くなる。

電気柵の標準的な張り方は、地上からの侵入動物に対して地面をアースとして地上部に設置するのが一般的だ。この張り方は低い位置にワイヤーが張られるので、草の接触による漏電に注意しなければならない。アライグマは目線が低いので、1段目を10cm以下に張らなければならないのでリスクは高くなる。また、地面は必ずしも平らではないので、窪んだ場所などは支柱を増やすなど潜られない対策も重要になってくる。

登らせて感電、棚上電気柵と「白落（はくらく）くん」

電気柵と防風網を組み合わせたこの方法は、金属性のブドウ棚や組み立てた直管パイプの支柱をアースとし、侵入する時に通過する上部にプラスのワイヤーを1本設置するだけのものである。簡単に設置することができ、高い位置に通電するので雑草による漏電の心配がないのが特徴である。

設置にあたって用意するものは、ブドウ棚などの既存の棚を利用する場合、①電気柵本体、②防風網（目合4～6㎜）、③樹脂製のポール、④通電用のワイヤーの4つだ。棚がない果菜類等の畑地の場合は、直管パイプで支柱を組み立てなければならないので「白落（はくらく）くん」方式となり、前記のほかに⑤直管パイプ、⑥フックバンドが必要となる。

現在、電気柵用電源装置は複数のメーカーから発売されている。最近はAC電源のほか、ソーラーや乾電池式の機種が増え選択肢が広がった。乾電池式は設置場所を選ばず簡単に設置できるのが利点だ。収穫期だけの対応に使用する場合、1台で複数の作物に使い回しができるため、費用対効果も高くなる。

電気（＋）を流すために使用する通電用のワイヤーは通電効率や張りやすさが求められるので、電気柵用として各メーカーから販売されているものを利用することをおすすめする。樹脂製のポールはワイヤーを張る時の絶縁体として使用するもので、トンネル栽培用のダンポールやニトポールを使用する。電気を通さないものであれば何でもよいが、金属に樹脂をコーティングしたものは漏電する場合があるので注意が必要である。棚を利用する方式と直管パイプを利用する方式、どちらも「登らせて感電」させる考え方は同じである。したがって、防風網の裾は潜られないようにしっかりと埋めることが必要になる。

アライグマは防風網が設置された場所では、最初に周囲を回りながら隙間を探して侵入を試みる。自ら大きな穴を掘ることはしないが、隙間を広げるのは得意で、ちょっとした隙間を広げて侵入されるので隙間には要注意だ。通電用のワイヤーは、棚上部や横支柱から絶縁用の樹脂製ポールを使って5㎝程離して設置する。この技術は通常の電気柵の張り方と違って雑草による漏電の心配はないが、作付けした作物の生育により、ワイヤーと接触し漏電した事例があるので注意が必要である。

また、アライグマは個体間で餌場を共有するので、収穫期の畑は複数の個体に狙われることが考えられる。このような場所では、最初の個体が感電した際に触れたワイヤーがずれて支柱に接触し漏電してしまうことが想定される。この場合、その後の個体が簡単に侵入できることになるので、設置中は毎日の点検を欠かさず実施することが重要である。

なお、「白落くん」の設置マニュアルは、埼玉県ホームページに掲載されているので参照して欲しい（https://www.pref.saitama.lg.jp/b0909/documents/hakuraku3-3.pdf）。

作業に支障を与えない「楽落くん」

侵入防止柵が普及しない理由の1つに「作業への影響」がある。現在、普及している一般的な柵は高さがあり、田畑は囲まれた状態になる。高い柵で囲ってしまうと管理作業のためのドアが必要になり、耕耘や除草などの管理作業などの妨げになるのも事実である。そこで、「もっと簡単で作業に影響を与えない効果的な柵ができないか」との現場からの声を受けて開発された電気柵が「楽落くん」である（**写真8、図1**）。

「楽落くん」は中型動物の飛び越える能力と探査行動を利用したもので、約40㎝の高さで侵入を防ぐ侵入防止柵である。空間を面として認識させ探査行動を引き出す資材として樹脂製ネット（商品名：楽落ネット）を使用する。このほかに絶縁体としての樹脂製の支柱、クリップ、ワイヤー、結束バンドが必要になる。

写真8　「楽落くん」のトウモロコシ畑への設置例。

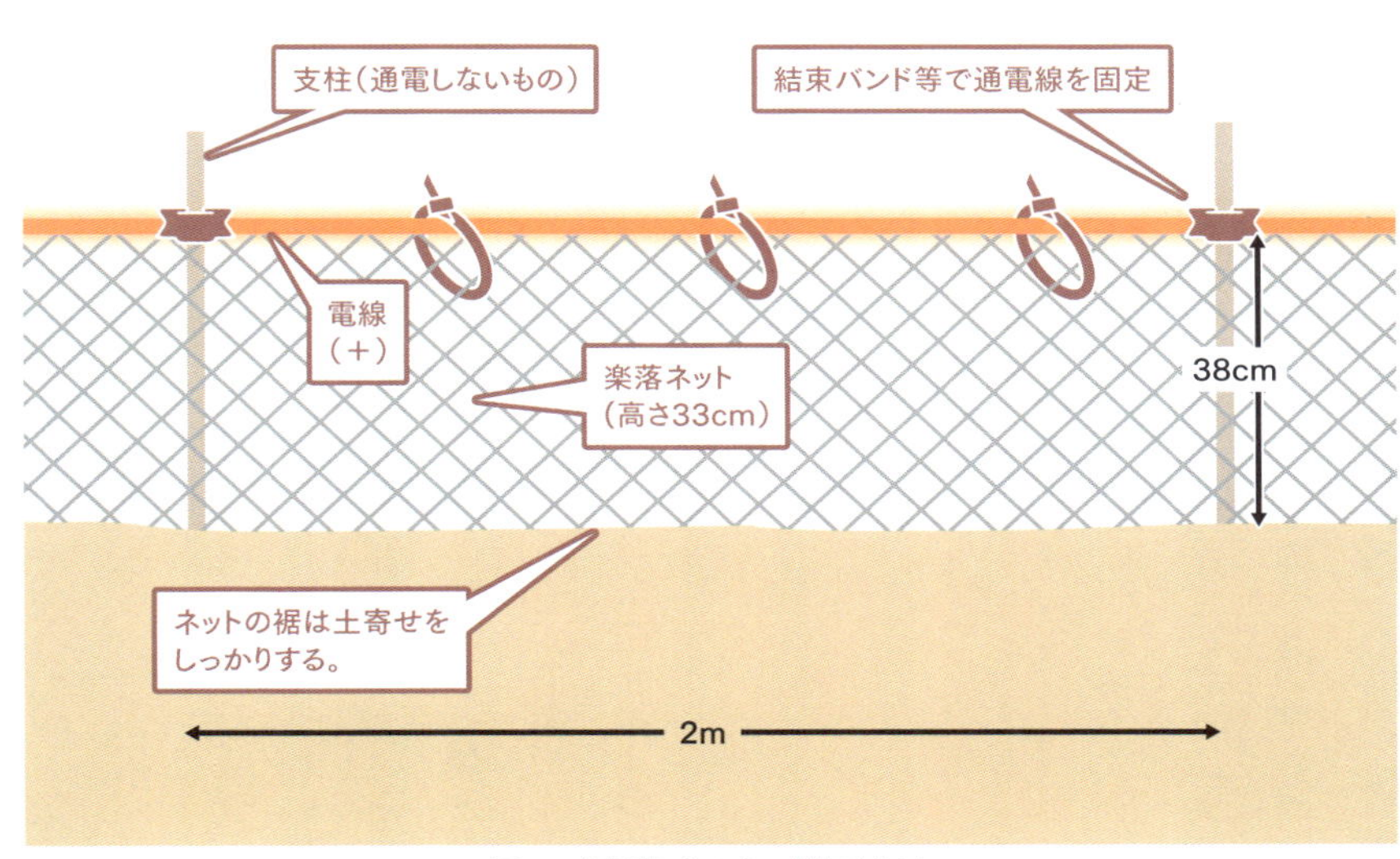

図1 「楽落くん」の設置方法

■「楽落くん」設置マニュアル
https://www.pref.saitama.lg.jp/b0909/documents/rakuraku-manyuaru-ver2-5.pdf

資材費は約200円／1m。総費用はこれに電気柵用電源装置の費用がプラスされる。

「楽落くん」は効果が高く安価な侵入防止柵であるが、アライグマの行動を利用した絶妙なバランスでなりたっている。効果を100％引き出すためには守っていただく4つの約束がある。

①設置したその日から通電
②収穫直前に設置し、収穫が終了したら撤去
③昼夜の切り替えをしない
④漏電など見回りの徹底

これらの約束事を守れれば、大きな効果が期待できるはずである。

おわりに

アライグマの対策のポイントは、個体数を増加させないことである。そのためには前述したように「食べさせない」「住まわせない」が重要になってくる。

なかでも「食べさせない」は総合的な対策を行う上で最も重要な部分で、農業生産分野が担う役割が大きいと考えられる。被害を受け続けていることは餌付けと同じである。餌を与え続けて増加の手助けをしているようでは、被害を減少させることはできない。農業者、地域住民、関係機関が一体となり「食べさせない」対策に取り組むことが必要である。

１４２ページで紹介した侵入防止柵（棚上設置方式、「白落くん」）は、アライグマの得意な行動を逆手に利用したものだ。使用資材は防風ネットを使用しているが、「登らせる」ことができれば何でもよく、身近にあるものを利用した対応が可能となる。

新しく開発された「楽落くん」（➡１４４ページ）は、設置上の約束事は多いが簡単で安価なことが利点である。最近、電気柵電源装置は乾電池式が主流になりつつある。乾電池式は湿度の高い日や雨の日では能力が低下するといった指摘もあるが、安価で簡単に設置や移動ができるメリットは「楽落くん」と組み合わせることにより一層高くなる。

個体数がすでに増加し、被害が深刻な地域では捕獲も重要な対策である。しかし、捕獲だけに特化した取り組みは非常に危険だ。アライグマはなぜか増加しやすい地域がある。なぜ、増加したのかを検証し、原因を取り除いていかなければ解決は見えてこない。

アライグマの対策はまだ歴史が浅く、様々な視点や角度から新しい知見を取り入れて総合的に取り組んでいかなければならない。現在、被害に悩まされている多くの地域で意識改革が行われ、正しい知識と新しい技術を積極的に取り入れた効率的な対策が実施されることを期待する。

（古谷益朗）

アナグマ・タヌキの被害と対策

アナグマ（**写真1**）とタヌキ（**写真2**）は、これまでに取り上げたハクビシンやアライグマとともに形態的特徴が似ており、一般の方や農家には区別しにくい動物である。体格が似ているので被害対策も共通点が多いが、すべてが同じと考えてしまうと足下をすくわれる。それぞれの特徴を理解して、被害対策に臨むことが肝心である。

アナグマの特徴

アナグマは日本の在来種で古くから知られている動物であるにもかかわらず、日本人にとってあまりイメージのわく動物ではない。都市部に住む人は生涯一度も目にしないことも多い。昔から「むじな」と呼ばれているが、タヌキと間違えられることも多い。

写真1　アナグマ（イタチ科）。

写真2　タヌキ（イヌ科）。

また、本来アナグマを指す「むじな」をタヌキに対して使う地域や、アナグマやタヌキなど同じような大きさの獣を総称して「むじな」と呼ぶ地域もあり、これらも中型野生動物の区別を難しくさせている一因である。

アナグマの見た目は、他の中型動物より扁平で低い姿勢を保っているような印象である。耳が小さく、頭部から目の下にかけて黒い模様があり、額の中心から鼻にかけては白い。この特徴のため、最近はハクビシンが有名になった影響で、タヌキよりもハクビシンと間違われることが多くなった。

アナグマは雑食性で様々なものを食べるが、やはり甘い果実は好物である。被害作物で多いのはイチゴで（**写真3**）、他にトウモロコシやスイカ、ラッカセイなどの被害報告がある。カキも好物であるが、基本的には落下したものを食べる。しかし、これも野生動物を人里に寄せる餌付け行為となるので、注意しなければならない。

アナグマは、ハクビシンやアライグマと異なり、木登りは得意ではない。そのため、基本的にはトタン板や金網柵の設置で被害を防ぐことができる。しかし、その名の通り穴を掘るのは得意なので、柵の接地面は念入りに固定する必要がある。アナグマの成獣は、10㎝以上の正方形の隙間は通り抜ける確率が高くなることも知っておくと良い。また、飼育個体のアナグマは金網に登ることができるようになることから（**写真4**）、できれば金網よりは足場のないトタン板のほうが効果的だろう。アナ

写真3　イチゴ畑に侵入するアナグマ。

グマは農地周辺にある蓋付きの側溝や配水管（土管）に潜んでいることが多い（**写真5**）。被害に遭ったら、まずデジカメでフラッシュをたいて中を撮影すると良い。写真に動物が写っていたら、アナグマの確率が高い。

タヌキの特徴

タヌキはアナグマとは対照的に知名度が高く、日本人にとって親しみのある動物である。昔話にもよく登場する上に、写真や絵も繰り返し見ているはずだ。したがって、他の動物をタヌキと間違えることはあっても、タヌキを見て他の動物に間違えることは少ないと思う。

タヌキもアナグマと同様に、木登りは基本的に得意ではない。ただ、なかには低樹高で枝が斜めに広がっているイチジクやカキなどの枝を歩く器用な個体もいるので、絶対に登らないとは考えないほうが良い。このような個体は作物のおいしさを知ってしまったために、しつこく農地にやってきて行動が変化したものと考えられる。まれに農地をトタン板で囲っていても、最上部に前肢を掛けようとして必死に跳躍するタヌキもいる。これも対策を怠り、たっ

写真4　飼育されたアナグマは金網を登れるようになる。

写真5　農地周辺の土管の中に隠れるアナグマ。

ぷりとタヌキに餌付けをしてしまった結果である。

ところで、トウモロコシ畑には多くの動物が集まるが、それぞれに食べ方が異なるので、実際に被害を出している動物種を推察することができる。具体的には、ハクビシンは体重が軽くトウモロコシの茎に登って食べるので、芯が茎についたまま残ることが多い。アライグマは登ることはできても体重があるので、茎を折ったり実をもいだりして食べるが、前肢を器用に使うので実はきれいになくなり、芯だけが残ることが多い。

一方、タヌキの場合は、実をもいで食べるが土のついた部分は食べず、上を向いた部分だけを食べるので、中途半端に実が残っていることが多い。

タヌキの対策は、基本的にはアナグマと同じで良い。また、アナグマもタヌキもネットをかじったり引っ掻いたりするので、防風ネットなどは破られてしまう可能性が高いことに留意してほしい。

タヌキとアナグマの目線の違い

タヌキは頭を上げた姿勢が基本で、アナグマは頭を下に向けた姿勢が基本である。歩く時もアナグマはタヌキに比べて目線が低い。目線の高さはそれぞれタヌキが10～15㎝、アナグマは5～10㎝くらいである（**写真6、7**）。イノシシ対策用の電気柵は、地上から20㎝と40㎝の高さに柵線を張るのが基本であるが、タヌキやアナグマはその下を簡単に通り抜けて

写真6　下を向いた姿勢が基本となるアナグマの目線は低い。

写真7　タヌキの目線はアナグマよりも高くなる。

しまう。したがって、柵線の高さを10㎝以下にしなければならないが、地上5㎝に張ると下草の管理が多忙になる。対策としては、電気柵の下に薄いマルチ（電気を通すもの）を敷いてから電気柵を設置すると良い。また、柵線を10㎝の高さに張ったら、さらに内側（作物側）にネットやトタン板で障害物を作ると、タヌキは電気柵の前でいったん立ち止まるので柵線に触れる確率が高くなる。

タヌキとアナグマの意図しない共同作業

著者らの研究グループがかかわっているカキ農園において、周囲を囲っているトタン板の下から動物が侵入した痕跡があった。そこで自動撮影装置を仕掛けたところ、アナグマとタヌキが時間差で写っていた。野生動物は自分たちが侵入できそうな場所を念入りに探すものだが、彼らにとって侵入しやすい良い場所は一致するようだ。

もともとアナグマがトタンの下に穴を掘って侵入した場所を人間が石や土嚢で補修すると、タヌキはその場所が気になってトタンの下にある石をどけようと試みる。翌日、またタヌキが来て途中まで掘られた穴を掘る。一度穴が開けられて比較的軟らかくなった土を掘るタヌキは、まるでアナグマのお株を奪ったように執拗に掘る行動が認められた。そして、遂にトンネルが開通し園地に侵入する。アナグマはもともと土を掘るのが得意なので、それほど不思議ではない。しかし、タヌキの行動を見ていて、ここまで懸命に掘るとは思わなかった。

アナグマの存在の有無によって、タヌキによる被害の度合いが変わる可能性がある。柵の下の穴を補修する場合、作物側は石などで侵入できないようにブロックし、外側は土でしっかり踏み固めて、見た目に不自然さをなくした方がタヌキの侵入を防ぎやすいだろう。

（江口祐輔）

テン・ヌートリアの誤解と対処法

本書で取り上げる中型野生動物6種のうち、この項ではテンとヌートリアについて紹介する。この2種による農作物被害の捉えられ方はそれぞれにまったく違う。テンによる被害は過小評価され、ヌートリアによる被害は過大評価される傾向がある。そのようなことがないように、それぞれの動物の特徴や被害対策について紹介したい。

テンはどんな動物か

テン（**写真1**）は、一般的には山や森の動物のイメージが強いが、中間地域にも生息し人家に棲みついていることも多い。アナグマと同じ食肉目イタチ科に属するが、被害対策を考える上では、むしろハクビシンやアライグマに似ていると思ったほうが良い。

本書で紹介する中型種の中では体が一番小さく、成獣の体重は1～1.5kgである。体重が軽いこともあって非常に身軽である。ハクビシンやアライグマと同じように、登ることが得意で、家屋の柱や高い木にも登れる（**写真2**）。しかも、登るスピードは非常に速い。

テンは木や柱を登る時に爪を使うので、あまり爪を使わないハクビシンとの区別はつきやすい。ただ、アライグマと同じ5つの爪痕がつくので（**写真3**）、爪痕だけで区別するのは難しい。

体の大きさの違いが見分ける目安になるが、爪痕だけではなく、足跡（アライグマの場合は長い指の跡がつく）など他の痕跡と合わせて判断したほうが良いだろう。

テンの被害なんてない？

テンは、季節に応じて動物質と植物質の餌を上手に利用する雑食性の動物である。植物質ではアケビ、ヤマブドウ、カキなどの果実を利用することが多い。中山間地域のブドウ園やカキ園に設置した自動撮影カメラには、テンが写ることが意外と多く、実際にブドウやカキなどの果樹への被害が発生している。

写真1 夏毛のテン（上）と冬毛のテン（下）。テンの顔の毛色は、夏は黒く、冬は白い。

写真2 テンは登ることが得意。家屋の柱や高い木にも登ることができる。

写真3　テンの爪痕。5つの爪痕がつく。

写真4　テンのブドウ袋の破き方（野外実験）。このように開ける場合と、袋を裂く場合がある。

しかし、テンによる被害として認識されているものは非常に少なく、農作物被害の統計を見ても、テンの被害としての数字はほとんどあがってこない。ハクビシンやアライグマがいないとされる地域で、何かがブドウ棚に登ってブドウを食べたとか、樹上のカキを食べられたということがあったならば、テンによる被害を疑ってみる必要がある。

ハクビシンはブドウにかけた袋の一部だけを上から下に破るが、テンは袋を裂いたり、小さな穴を開けたりする（**写真4**）。また、テンは木の又、石の上や道路上など目立つ所に細長い糞をすることがあるので、これらの痕跡をもとにテンの仕業かどうかが判断できる。

テンの被害対策

テンも、アライグマやハクビシンと同様に家屋侵入が得意であり、屋根裏を生活の拠点とすることが多いので、まずは被害地周辺の建物をチェックすることが重要である。このような建物や農業用ハウスへの侵入を防ぐためには、隙間をふさぐ必要がある。

テンがどのくらいの大きさの隙間を通り抜けることができるか飼育個体を用いて試験を行ったところ、5㎝角の正方形を通り抜けることができた。4・5㎝角にした場合には、通り抜けることができなかったので、家屋やハウスなど施設の隙間をふさぐ時には、この大きさよりも小さくした方が良い。

前述したように、テンは登ることが非常に得意なので、ネットも噛み破るよりもまず先に登って侵入しようとする。したがって、登った先で感電させる埼玉県の古谷益朗氏が開発した「白落くん（はくらくん）」（➡142ページ）は、テンにも効果がある。

ただし、テンの場合には柵の上部で止まらずに電気柵の柵線をすり抜けてしまうことがある。特に圃場に入り慣れている個体は、この傾向が強い。そのような場合には、柵の上部の電気柵の内側に防鳥ネットを張って柵線のすり抜けを防止することで、感電する確率を高めることができる。

ヌートリアはどんな動物か

ヌートリア（**写真5**）は、げっ歯目ヌートリア科に属し、成獣の体重は4～9kgになる大きなネズミの仲間である。アライグマ同様に特定外来種に指定されている南米原産の移入種で、戦前に毛皮を目的に移入・飼育されたが、戦後放逐されて野生化し、東海地方や西日本を中心に分布している。

本書で紹介してきた他の中型動物にはない大きな特徴として、水辺に棲み、泳ぎが非常に得意であるという点が挙げられる。頭からお尻まで水面から出して、水かきがある大きな後肢を上手に使って、水面をスーっと滑るように泳ぐ（**写真6**）。

市街地の中を流れる川にも棲みつき、夕方に泳い

写真5　市街地の川で撮影されたヌートリア。ヌートリアは他の中型野生動物と違って水辺に棲みつき、泳ぎが非常に得意だ。

写真6　ヌートリアの泳ぐ姿。

でいる姿を目撃されることが多い。陸上を歩く時はどちらかというと鈍く、長い尾を引きずるので、足跡と一緒に尾の跡が残ることが多い（**写真7**）。このような痕跡は他の動物種にはないので、識別のポイントになる。

本当にヌートリアの被害？

イネ科を中心とした植物を食べる草食性のため、特に被害が深刻な作物は水稲で、田植え直後から収穫期まで被害がある。冬場はハクサイなどの葉菜類やダイコン、ニンジンなどの根菜類の被害が多い。被害金額は1億円を超えるが、実際にはヌートリアの被害でないものも含まれている可能性がある。

なぜならば、最近ヌートリアが増えているという噂がある地域で、これまでに被害がなかった作物が新たに被害を受けると、ヌートリアの被害とされてしまうことが多いからだ。

ヌートリアに被害を受けたとの連絡を受けて現場に行ってみたら、タヌキのアスパラガス被害、アナグマのイチゴ被害、さらにイノシシのスイカ被害ということもあった。対処の仕方が変わってしまうこともあるので、加害獣の特定はしっかりと行いたいところである。

写真7　ヌートリアの足跡。指の形がわかる足跡と、しっぽを引きずった跡がある。

ヌートリアの被害対策

これまで紹介した他の動物種と同様に、まずは環境管理が大事で、潜み場所や餌場をなくすことが必要である。隣接する耕作放棄地や田畑まわりの草の刈払いなどで見通しを良くする。また、冬場に畔畦や川沿いの土手に生えているイネ科などの青草は餌になってしまうので、巣穴や痕跡が見られた地点の周辺の草の刈払いや焼き払いは、冬に青草が生えないように実施する時期を考えることが大事である。

侵入防止柵としてネットを使っている例があるが、立派な前歯（切歯）で噛み破られるので、破られたら補修をするか、あるいは畦波板を追加して補強するという前提での導入が必要である。噛み破られず、中も見えないということで、トタンは効果的である。

ただし、他の動物と同様に下からの侵入には注意が必要である。イノシシ用に設置した10㎝角のワイヤーメッシュだと侵入できてしまう個体もいるので、さらにヌートリア対策を加えたければ、トタンを外側に追加すれば良い。また、川から用水路をつたって田畑に侵入してくるので、柵の下を通るところで用水路を廃材のパイプなどで遮断するのも効果的である。

ヌートリアはアライグマと同様に特定外来種に指定されているので、積極的な捕獲も合わせて行っていく必要がある（➡140ページ）。捕獲を効率よく行うためにも、これまで紹介してきたように周辺の餌場をなくす、田畑はしっかりと囲うなどの対策が必要である。

（上田弘則）

第7章

鳥の対策

鳥類の生態と被害対策の考え方

鳥は飛べるので三次元で対策を

農作物に被害を及ぼす鳥は、カラス類を筆頭にスズメ、ヒヨドリ、ムクドリ、キジバト、カモ類、カワラヒワ、キジと多くの種類がいる。これらの種類に共通していることは、一部のカモ類を除けば、人の身近なところで一年中生活している、ごく普通に見られる鳥であることだろう。

鳥と獣の違いを考えた時、一番大きな違いは空を飛べることとであり、そのために、獣なら二次元だが、鳥では三次元で対策を考えなくてはならない。つまり、空からの侵入にも対策が必要となる。

飛べることは大きな行動圏を持てることにもつながる。カラスやムクドリは1日の生活の中で20～30㎞もの距離を移動することもある。鳥は自分の行動圏の中を熟知し、次においしいもの（作物）がどこに出現するかを常に監視していると言っても良い。

防鳥機器は効果がある？

さて、ホームセンターに行けば、キラキラテープ、目玉模様、磁石、カラスの模型、爆音器など、様々な防鳥機器が置いてある。これらの機器の効果について農家さんに聞くと、効果があると言う人と、ないと言う人がいる。これはなぜだろうか？

前述したように、鳥は広い範囲を飛び回って食物を探しているので、今まで行っていた畑にいきなり変なもの（防鳥機器）があれば、とりあえずそこはやめておいて、別の畑に行けば良いと考える。この場合は、その時点では効果があったと言える。しかし、しばらく設置していると、鳥もその防鳥機器が自分に危害を加えないことがわかり、気にしないで畑に侵入するようになる。こうなると効果はない。

また、行動圏の中にそこだけしか食物がない場合や、鳥にとってとても魅力的な場合は、設置当初から効果がないということもある。

このような鳥をおどかす防鳥機器は、短期間の対策として使うなら有効な場合もある。ただし絶対的な忌避効果はないので、置く位置を変える、機器の種類を変えるなど、鳥に「ここは変だな、入るのはやめよう」と思わせておく工夫が大切になる。鳥に慣れさせないためには、必要な時期が終わったらすぐに片付け、出しっ放しにしないことも重要である。

農業害鳥の五感は人並み

ワシタカ類は遠くから獲物を見つけるために視力がよく、フクロウ類は夜目が利く、渡りをする鳥は地磁気の方向を感知するなど、人にない能力を持つ鳥もいる。しかし、農作物に被害を及ぼす身近な鳥の五感は人とそれほど変わらないと考えて良い。視力と聴力は人並みで、人に聞こえない超音波は鳥にも聞こえない。

ただし、色については人に見えない紫外線領域まで見ることができ、人が3原色とすれば、鳥は4原色でものを見ていると言える。

また、夜間にねぐらで寝ているカラスやムクドリをおどかすと飛び立つが戻ってくる、カモ類は主に夜間に採食するなど、普通の鳥でも夜にまったく目が見えないわけではない。味覚はそれほど発達していないが、甘い方の食物を選ぶなど、それなりには味を感じることができる。嗅覚もあまり発達しておらず、ハゲワシ類などの特殊な鳥を除き、鳥は匂いではなく目で見て食物を探す。

基本は防鳥網で防ぐこと

鳥害対策の基本は、防鳥網で鳥と作物を遮断することである。対象となる鳥の大きさにより適当な網目サイズを選ぶ必要があり、スズメなら20㎜目以下、ムクドリ、ヒヨドリなら30㎜目以下、カラスなら75㎜目以下を使いたい。

ホームセンター等では、青色の「強力防鳥網」と、橙色の「防鳥網」の2種類を売っていることが多い。違いは使っている糸の太さで、青色のほうが太く、その分値段も高い。しかしながら、耐久性や扱いやすさの点で優れており、鳥が網に絡まって事故死することも少ないので、青色の「強力防鳥網」の使用をおすすめする。

防鳥網は、側面と上面の両方に隙間を作らずに張る必要があり、大変な労力となる。樹高が高い果樹や傾斜地では張ることが困難であるし、大面積に張るとなるとコストもかかる。特に樹高が高い果樹などでは、栽培作業や収穫にもはしごや脚立が必要で事故も起こりやすい。

今後、樹高を低く抑え、防鳥網を張りやすい、もしくは防鳥網を張ることを前提とした農地に変えていくのも対策の1つである。

農研機構の鳥獣害グループでは防鳥網を簡易に設置する方法として、樹高2mまでの果樹列に対応した「らくらく設置2・0」と、樹高3・5mまでの果樹列に対応した「らくらく設置3・5」（**図1**）を開発した。いずれもホームセンター等で手に入るトンネル栽培用の弾性ポールと農業ハウス用の直管パイプを使って、防鳥網がスムーズに掛け外しできるような枠組を作る。2つの技術の違いは使う資材の規格や直管パイプの設置間隔で、基本的な構造は同じである。

詳しい設置マニュアルや動画マニュアルは、農研機構のウェブサイト（http://www.naro.affrc.go.jp/org/narc/chougai/）から入手可能なので、ぜひ参考にして欲しい（図2）。（山口恭弘）

図1　防鳥網「らくらく設置3.5」の張り方

防鳥網の簡易設置
「らくらく設置 2.0」
設置マニュアル

農研機構　中央農業研究センター　虫・鳥獣害研究領域　鳥獣害グループ

樹高2メートル程度までの果樹やスイートコーン等の果菜類に、防鳥網を安価で手軽に掛け外しする方法です。簡素な構造で作業も簡単なので、被害発生時期が近づいたら網を掛け、収穫直前に外すなど、気軽に防鳥網を使うことができます。使用する資材はすべて一般的なものです。このマニュアルでは、基本的な設置方法を紹介しますので、圃場の状況や作物に合わせて応用して下さい。

強力防鳥網
弾性ポール（長さ3m）
水道用ホース（ポールのずり落ち防止）
直管パイプ
ハウスバンド（防鳥網の端に通す）

図1　全体の構造

《果樹コンパクト栽培とは》
奈良県と近畿中国四国農業研究センターにおいて開発された、高齢者が高所作業なしで安全にでき、低樹高化することで鳥獣害からも守りやすい果樹栽培技術。低面ネット栽培ともいう。作業者の腰の高さ（80cm前後）に、幅1mの棚をつくり、目合い25cmのフラワーネットを張ってネット面に枝を誘引して栽培する。

写真1　ブドウのコンパクト栽培への設置例。果樹コンパクト栽培では、栽培用の低面ネット棚が土台になるので、さらに手軽に防鳥網を掛けられます。

1

防鳥網の簡易設置
「らくらく設置 3.5」
設置マニュアル

ヒヨドリの食害　カラスの食害

農研機構 中央農業研究センター 虫・鳥獣害研究領域 鳥獣害グループ

樹高2メートル程度までの果樹等に防鳥網を安価で手軽に掛け外しする「らくらく設置2.0」をもとに、樹高3.5メートルまでの果樹等に防鳥網を掛ける方法です（写真1）。

写真1　ミカン園への「らくらく設置 3.5」設置状況

1．資材と工具

資材	工具
強力防鳥網	果樹用剪定バサミ
弾性ポール	ニッパーまたは強力型ハサミ
水道用ホース	パイプカッター
ハウスバンド	パイプ打込用ハンマー
直管パイプ	

写真2　資材と工具
奥から防鳥網、直管パイプ、弾性ポール。中段左からハウスバンド、水道用ホース。手前左からパイプ打ち込み用ハンマー、ニッパー、パイプカッター、果樹用剪定バサミ。

写真3

これらの他に、「網支え竿」（3m長さに切った直管パイプの先に1.5～2リットルの空きペットボトルを取り付けた物）を2本用意してください（写真3）。

1

図2　「らくらく設置2.0」（左）と「らくらく設置3.5」（右）の設置マニュアル

スズメの被害対策

スズメはどんな鳥？

スズメは日本全国に生息し、全長15㎝前後、体重20ｇ前後、雌雄同色の小さな鳥である。人家とその周辺の樹林、農耕地、草地、河原などに生息する。近年では日本におけるスズメ個体数の減少が話題になっており、減少の原因として、採食環境の悪化や巣を作る場所がなくなったことなどが挙げられている。

その一方で、都市公園などでは、人の手や肩などに乗って直接餌を食べるほど人慣れしたスズメが全国各地で現れているのも興味深い。

スズメは主に種子食で、特にイネ科、タデ科、キク科などの小粒状の乾いた種子を好む。春から夏に

写真１　麦を食害するスズメ。

かけては小型の昆虫やクモ類などの動物質の摂食が増える。

スズメによる農業被害の特徴

被害の起こる時期は5〜9月が多く、稲の播種期や麦、稲の収穫期が主な被害の時期となるが、穀類をはじめとするほぼ全ての播種された種子を加害するため、一年中といっても良い。播種期の稲では湛水直播の落水期間中や乾田直播で種籾が加害され、播種深度が浅いほど被害を受けやすい。スズメは籾殻をむいて食べるため、むかれた籾殻が残る点がハトやカラスの食害と異なる。

収穫期の麦や稲などでは、乳熟期から被害が始まり、収穫するまで被害が続く(**写真1**)。水田の被害は人家、電線、樹木のような、スズメの退避場所や休息場所の近くで被害が大きい。

また、早生の品種が周辺の水田よりも早く登熟した時には、スズメはその水田に集中してしまい、大きな被害を出すこともよくある。そのため、スズメの退避場所や休息場所のない環境を作ったり、播種時期や登熟期が揃うように播種したりするなどの耕種的対策も効果的である。

スズメの被害対策

対策の基本は防鳥網になる。小さな体なので、30㎜目の防鳥網は普通に通り抜けることができる。しかし、20㎜目より小さければ通り抜けることはできない。

防鳥網、亀甲金網、獣害ネットなど複数の網でスズメが通り抜けることができるかを飼育下で試験したところ、20㎜が入れるか入れないかの境界であることがわかった。

ただし、20㎜目と表示されている網でも、実際に測ると20㎜より少し大きかったり、使用している間に網目が広がったりすることがあるので注意が必要である。絶対に入られたくなければ、18㎜目という防鳥網も市販されているので、こちらの使用をおすすめする。

防鳥網設置の注意点

全面に網を張っているのに、網の中にスズメが飛んでいるという場面によく出くわす。よく観察してみると、スズメは地面と網の間にできたわずかな隙間から出入りしている。一見隙間がなくても、スズメは頭を差し込んで網をこじ開けたり、さらには地面をくちばしで掘って穴を開けて侵入したりすることもある（**写真2**）。

防鳥網を張っただけで安心することなく、地際を支柱などを使って固定して隙間ができないようにしたり、網を外側に長く伸ばして侵入しにくくしたりするなどの対策が必要である。また、テグスなどの糸を使った対策はカラスには有効であるが、スズメは糸に触れても気にせず侵入を繰り返すのであまり効果は望めない。

（山口恭弘）

写真2 穴を掘って出入りするスズメ。

ヒヨドリの被害対策

ヒヨドリはどんな鳥？

ヒヨドリ（**写真1**）は日本全国に生息し、全長約28㎝、体重70～100g、雌雄同色で全体に濃い灰色で頬の茶色が目立つ。大きさはほぼムクドリと同じだが、ムクドリは全体に黒色から濃い茶色の色彩の中で橙色のくちばしと脚がよく目立つので見分けるのは簡単である。

ヒヨドリは樹木・草の果実、花や蜜、昆虫が主な食物であるが、食物の乏しい冬には常緑樹の葉や雑草の葉なども食べる。北日本や高標高地で繁殖したヒヨドリは越冬のために渡りをする。関東以南の地域や低標高地の個体は渡りをしないので、10月から4月にかけて、この地域の個体数は増加し、繁殖期の数倍から数十倍にもなる。この時期は食物の乏しい時期にもあたり農作物への被害が増える。

写真1　ヒヨドリ。

ヒヨドリによる農業被害の特徴

ヒヨドリによる被害面積や被害金額は年によってかなり変動する。これは国内を移動するヒヨドリの数が、自然の果実の豊凶の影響を受けているからと考えられる。ヒヨドリによる被害は果樹と露地野菜で生じる。あらゆる果樹が被害を受けるが、落葉果樹よりもカンキツ類での被害が大きい。

カンキツ類では被害の有無は果皮の厚さ（硬さ）と熟期により、果皮の厚いものでは被害は少なく、また1～3月に熟する品種で被害が多い。野菜ではアブラナ科の野菜で最も被害が多い。特にキャベツ、ハクサイ、ブロッコリー、コマツナなどが好まれる（**写真2、3、4**）。ホウレンソウやレタスも被害に遭うが、アブラナ科の野菜よりは被害は少ない。また、ハウス栽培のサクランボやイチゴなどでも隙間から入り込んで食害することが多いので、隙間を開けないことが重要である。

ヒヨドリの被害対策

対策の基本は防鳥網になる。被害は長期間にわたることが多いので、ヒヨドリと作物を物理的に遮断する防鳥網を使うことが確実な方法となる。ヒヨドリ対策には網目は30㎜以下のものを使用する。

ヒヨドリは防鳥網自体を気にしないので、上に乗って網がたわんで作物と接したり、果樹でもべたがけしたりしていると、網越しにくちばしを差し込んで

写真2　コマツナ畑で採食するヒヨドリの集団。

写真3　食害されたコマツナ（左）、キャベツ（右）。

写真4　ヒヨドリの食痕は細いくちばしで突いたようになる。

食害するので、網と作物を十分に離すことが必要となる。防鳥網をかける場合、果樹列であれば、前述の「らくらく設置2・0」「らくらく設置3・5」（⬇163ページ）の利用をおすすめする。畑作物で高さを必要としない場合は、**写真5**のように弾性ポールのみで枠を作って網を張る方法が良いだろう。

果実袋やネット等などの資材を、カンキツに1個ずつ被せるのも効果がある。ただし、紙製の果実袋はヒヨドリが破って食害することもあるので注意が必要である。サンテという布製の袋では被害はほとんど生じず、繰り返し使用できる。

なお、ヒヨドリは糸に触れても侵入を繰り返すので、糸を使った対策は効果は望めない。また愛媛県での試験結果では、ディストレスコールを利用した音声機器や磁石、木酢液などは最初から効果がなく、複合型爆音器とフクロウ模型については被害が減ったが、長期使用による慣れに注意が必要とされる。

ヒヨドリの被害には大きな年変動があるので、被害の少ない年にはこうした方法でも多少は被害を減らせるかもしれないが、その場合にも、使用期間をできるだけ短くする。このようなヒヨドリをおどかして追い払う方法で防除する場合、いずれは慣れが生じるので、被害が出始めたらすぐに次の手を打つといった柔軟な対応が必要である。

（山口恭弘）

写真5　弾性ポールのみで防鳥網を設置した例。直管パイプを使わずに、弾性ポールをアーチ状に直接地面に差して支えを作り、その上に網を張る。

カラスの被害対策

カラスの種類と暮らし

私たちが普段「カラス」と呼んでいる鳥は、ハシブトガラスとハシボソガラスの2種類である。ハシブトガラスは樹林や都会を好み、生ゴミを漁って肉類などをよく食べる。一方、ハシボソガラスは田畑を歩き回り、落ち籾や昆虫などをよく食べるといった違いはあるが、どちらの種も人里に広く生息し、農作物の食害と被害対策において大きな違いはないと考えてよい。ただし、畜舎に集まるカラスはハシブトガラスが主である。

2種の他に、九州や北陸では大陸から冬鳥として渡ってくるミヤマガラスも多いが、ミヤマガラスは水田で落ち籾を食べていることが多く、農作物被害はあまり聞かれない。

カラスの社会は、なわばりを持って1年中そこで暮らす成鳥のつがいと、まだなわばりを持てない若鳥の群れに大きく分けられる。なわばりは直径数百mで、なわばり内の高木や高圧鉄塔などに巣をかけて繁殖する。同じ個体が10年以上なわばりを維持していた観察例もある。

茨城県南部での調査では、2種あわせて1km四方に平均5・5つがいが棲んでいた。繁殖は2月頃から始まり、7月頃にはヒナが独り立ちをして群れに加わる。若いカラスは、個体ごとにばらばらに数十kmの範囲を移動し、餌の多い場所に群れることがわかっている。

なお、「ねぐら」に巣があると誤解されていることがあるが、ねぐらは集まって眠る場所で、巣ではない。ねぐらには、なわばりを持つ成鳥と群れの若鳥の両方が集まる。

カラスによる被害

カラスは雑食性で、生ゴミを漁ったり、路上で轢かれた動物を食べたりする姿を見かけるが、自然の木の実や昆虫も結構食べている。生ゴミのなかでは、油分の多いもの、タンパク質、甘いものを好む。農作物においては、ブドウ、ナシ、リンゴ、ミカン等の果実全般、トマトやスイカ、トウモロコシ等の果菜での被害が多い(**写真1**)。

ただし、キュウリやダイコンのような甘くない野菜でも被害があり、湛水直播の種籾や出芽期のトウモロコシなど播かれた種子の被害もある。

イネやトウモロコシの出芽期の被害では、カラスは苗を抜いて種子部分のみを取って食べる。畜舎では飼料の盗食や飲水槽の汚染だけでなく、牛をくちばしでつついて傷つける事例も増えている。

また、自動車のワイパーゴムを損傷する、未熟な果実に掛けられた果実袋を次々に破くなど、カラスにとって食物にも巣材にもならず、何のために行う

写真1　スイカのカラス食害。くちばしを突き刺して食べたことが形状でわかる。

のかよくわからない被害もある。

カラスの食害はハクビシンの食害と間違えやすい

被害対策の基本は「犯人」を正しく判別することだが、果実やスイートコーンのカラスによる食害痕は、ハクビシンによる食害痕と非常にまぎらわしい（**写真2**）。

日中にカラスがいるのでカラスの仕業だと思っていたら、じつは夜間にハクビシンが食害していた、あるいはカラスとハクビシンが「時差出勤」で食害していたということもよくあるので注意したい。

スイートコーンでは、カラスはくちばしで皮をつまんで、穂の先端から引き裂くように剥くので、皮が「白髪ネギ」のように細くたくさんに分かれているのが特徴である。しかし、食害痕だけでは加害動物の区別がつかないことも多い。

写真2　スイートコーンのカラス食害（左）とハクビシン食害（右）。

賢さを逆手に取る

カラスは賢いから、ヒヨドリやスズメなど他の鳥より対策が難しいと考えがちであるが、実はそうではない。

例えば、鳥をおどかして追い払う器具類は、カラス以外の鳥ではすぐに慣れて、せいぜい数日しか効果がないことがほとんどだが、カラスの場合はその賢さのために深読みして警戒するのか、1シーズンくらいは効果があったという例も多い。テグスなどの糸も、他の鳥では糸に接触しても侵入に成功すれば気にせず採餌を始めるが、カラスでは糸を1本張っただけで、その場所を避けることもある。

ただし、カラスでも、その場所の餌場としての価値が高い、代わりに使える場所がないといった場合には、いずれ侵入する。カラスをおどかして追い払う方法は、カラスに「ここは危険があるかも」と思わせておくように、手を変え品を変え、カラスと知恵比べをするような考え方が必要である。

また、なわばりを持つ成鳥のカラスは、経験豊富で自分のなわばり内を熟知していて、危険かどうかを賢く判断できる手強い相手だ。

カラス対策も基本は防鳥網

カラスの場合も他の鳥と同様に、防鳥網が対策の基本である。カラスの侵入を完全に防ぐためには、網目が75㎜以下の網を使用する。大型鳥用の防鳥網として網目が10㎝、12㎝、15㎝等の市販品があるが、これらの網目では状況によっては侵入されてしまう。

カラスを飼育して網目を通過させる試験を行うと、網目10㎝までは試験個体すべてが比較的スムーズに通過し、網目8㎝でも通れる場合があった。果樹園などでは、ヒヨドリやムクドリの侵入も防止できる網目30㎜の防鳥網が適している。

「くぐれんテグス君」と「畑作テグス君」

カラスでは、テグスなどの糸を張る対策も有効である。テグスを張る間隔と侵入防止効果の関係を、大型網室でカラスを飼育して試験したところ、上面からの侵入を防ぐテグスは1m間隔が実用的とわかった。この結果に基づいて、果樹園では天井部に1m間隔でテグスを張り、側面には防鳥網を張る「くぐれんテグス君」を考案した。

作付けごとに圃場が変わる畑作物では、必要な時だけ設置して、回収して再利用できる「畑作テグス君」を考案した。「畑作テグス君」は、1mの高さに1m間隔でテグスを張り、側面は25㎝間隔で4段のテグスで囲む。

どちらの「テグス君」も、野外のカラスに対する効果検証試験で、侵入ゼロにはならないが、実用には十分な効果があることを確認した。紹介パンフレットと詳しい設置マニュアルは、農研機構のウェブサイトからダウンロードできる(図1、2)。

なお、畜舎はカラスにとって果樹園や畑よりも魅力的なので、テグスではなく網で防ぐ必要がある。また、これらの「テグス君」はヒヨドリやハトなど他の鳥には効果がないので、他の鳥も農作物を加害する場合には防鳥網の設置が必要になる。

捕獲と環境管理

近年、捕獲檻を使ったカラスの駆除が行われているが、捕獲檻で捕れるカラスのほとんどは、経験不足の若いカラスである。餌があるけれども「怪しい」捕獲檻には、経験豊富な成鳥のカラスはあまり入らない。

カラスだけでなく、鳥では若鳥の死亡率は高く、多くは巣立って最初の冬が越せずに死んでしまう。放っておいても冬を越せなかったはずの若いカラスを捕獲しても、生息個体数の減少にはつながらない。

一方で、生ゴミや収穫くずのような、カラスにとって優良な餌をきちんと管理して食べられないようにすることは、カラスの子育て条件や若鳥の冬越し条件を厳しくして、地域に棲めるカラスの数を低く抑えることにつながる。

（吉田保志子）

図1 『農研機構の鳥害対策（増補改訂版）』
農研機構のウェブサイト（http://www.naro.affrc.go.jp/org/narc/chougai/）からダウンロードできる。

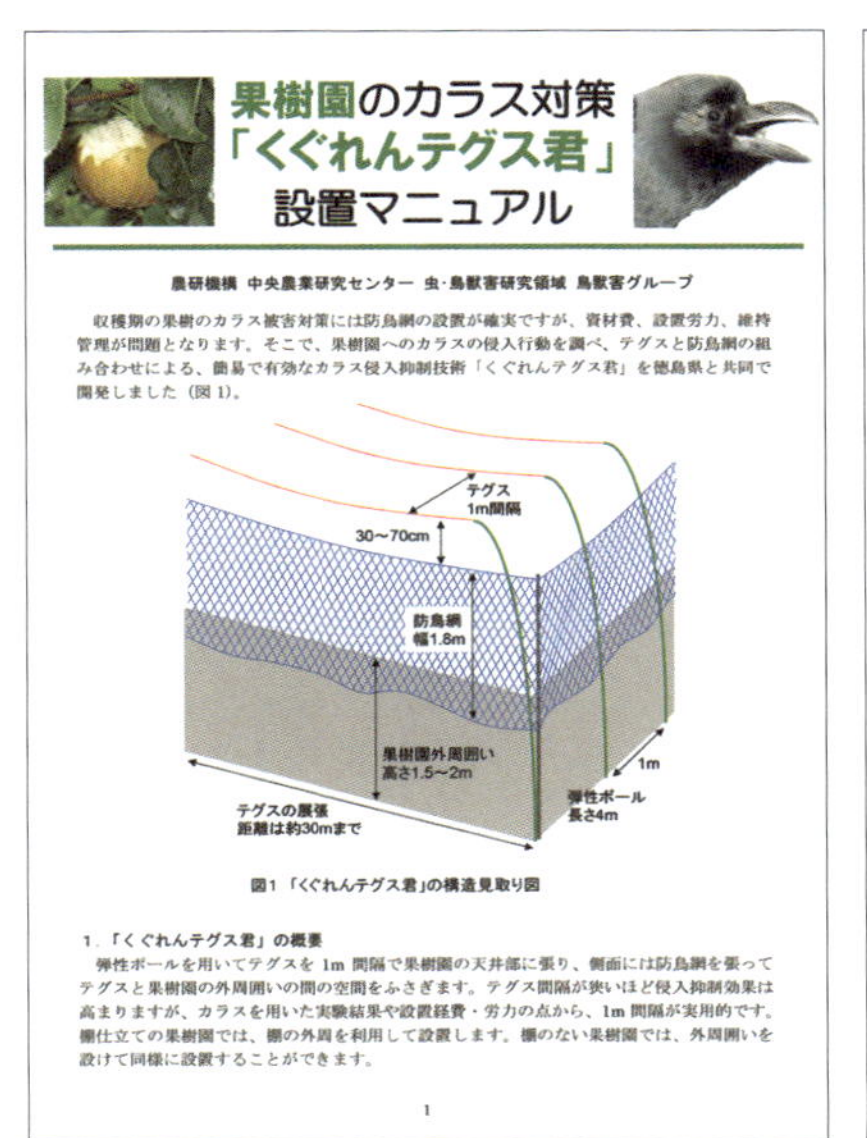

果樹園のカラス対策
「くぐれんテグス君」
設置マニュアル

農研機構 中央農業研究センター 虫・鳥獣害研究領域 鳥獣害グループ

収穫期の果樹のカラス被害対策には防鳥網の設置が確実ですが、資材費、設置労力、維持管理が問題となります。そこで、果樹園へのカラスの侵入行動を調べ、テグスと防鳥網の組み合わせによる、簡易で有効なカラス侵入抑制技術「くぐれんテグス君」を徳島県と共同で開発しました（図1）。

図1 「くぐれんテグス君」の構造見取り図

1．「くぐれんテグス君」の概要

弾性ポールを用いてテグスを1m間隔で果樹園の天井部に張り、側面には防鳥網を張ってテグスと果樹園の外周囲いの間の空間をふさぎます。テグス間隔が狭いほど侵入抑制効果は高まりますが、カラスを用いた実験結果や設置経費・労力の点から、1m間隔が実用的です。棚仕立ての果樹園では、棚の外周を利用して設置します。棚のない果樹園では、外周囲いを設けて同様に設置することができます。

1

畑のカラス対策
「畑作テグス君」
設置マニュアル

農研機構 中央農業研究センター 虫・鳥獣害研究領域 鳥獣害グループ

畑作物のカラス被害対策として、必要なときに短時間で設置し、回収して再利用できるテグス設置方法です。支柱を用いてテグスを圃場上面1mの高さに1m間隔で平行に張り、側面は25cm間隔で4段のテグスで囲むことで、カラスの侵入を効果的に抑えられます。

写真1 「畑作テグス君」のハクサイ圃場への設置状況

1．資材と工具

資材	規格
農業用支柱 「新ねぶし」「イボ竹」「新竹」など	径16mm×1200mm
パッカー 「菜園かんたんパッカー」など	16mm用
テグス （釣り用ナイロンテグス透明）	太さ0.52mm（10号）〜0.74mm（20号）

工具：打ち込み用ハンマー
あれば便利な物：ドライバー

2．手順

(1) 支柱を打ち込む

圃場の2辺に1m間隔、残る2辺に5m間隔で農業用支柱を立てます（写真2）。強く打ち込むと、支柱が曲がったり抜くときに大変なので、ぐらつかずに自立すれば十分です。たいていの

1　写真2 支柱を打ち込む

図2 「くぐれんテグス君」（左）と「畑作テグス君」（右）の設置マニュアル

対策Q&A

Q 黄色のゴミ袋は、カラスに対する忌避効果がある?

A 黄色のゴミ袋がカラス対策に使われていることから、黄色は忌避効果がある、あるいは、カラスは黄色が見えないという誤解がある。黄色のゴミ袋は、特殊な加工でカラスにとって中身を見えにくくしたものであって、忌避効果はない。中身がよく見えず、肉類などのおいしい餌が入っているかどうかがわからないので、あまり破かれずに済むというわけだ。もし、そのゴミ置き場には、おいしい餌が入っている袋が多いということをカラスが知っていれば、片っ端から破かれてしまうこともありうる。

カラス対策として、黄色のゴミ防護ネットや、黄色の吹き流しなど、様々な黄色の商品が出ているが、黄色の色そのものにカラスに対する忌避効果はない。ゴミ防護ネットは、色ではなく、カラスがくちばしを差し込めないように細かい目の丈夫なネットを使い、ゴミが全部収まる十分な大きさと、めくられないための重りを付けることが重要である。黄色の吹き流しを畑に設置してカラスが来なくなったとしたら、それは黄色の効果ではなく、見慣れない物が畑にあるという、普段と違う状況をカラスが警戒したということだ。

(吉田保志子)

第8章

野生獣の資源化と被害対策

くくり罠とジビエ振興をめぐる仮想未来的な懸念

はじめに

「藪をつついて蛇を出す」を略し「やぶ蛇」と言う。その意味で、くくり罠とジビエ振興が抱える諸課題に言及する本稿は、まさに「やぶ蛇」に相当するかもしれない。少なくとも現状では、捕獲作業におけるくくり罠への依存度は高く、ジビエ振興も農林水産省をはじめ多くの自治体がこぞって施策として掲げているためである。

しかし一方、「備えあれば憂いなし」とも言う。いきなり批判や外圧にさらされ慌てるより、その可能性を予見し、あらかじめ予防策の検討や理論武装を進めておく方が遙かに賢明である。

すでに日本哺乳類学会のシカ保護管理作業部会は、「シカの捕獲体制に関する検討や錯誤捕獲等に関する問題点の整理・対策・支援の検討」を活動方針に含めた(1)。

(一社)エゾシカ協会も、「エゾシカ管理のグランドデザイン」(2)の中で「アニマルウエルフェア(注)への配慮」に言及している。ネット通販に供されている輸入シカ肉・イノシシ肉の存在も確認できる状況にある。

以下は、これらの先行する動きを念頭に「予防策と理論武装の勧め」として記したものである。したがって、くくり罠の使用や捕獲個体の資源的活用を否定・批判するためのものではない点を、あらかじめ強調しておきたい。

くくり罠における課題

くくり罠に関する仮想未来的な懸念とは「止めさしの際の人身事故や錯誤捕獲の多発、アニマルウエルフェア上の問題等を論拠とする、くくり罠の構造や運用に対する何らかの規制強化」である。くくり罠は「低価格かつ運搬や設置が容易」という大きなメリットがあり、国有林における職員捕獲などでは極めて重要な役割を担っている。その一方、他の側面では箱罠や囲い罠に比べデメリットや留意すべき点が多いことが指摘されている。

(一社)大日本猟友会の会報(3)は、「罠猟でイノシシに逆襲される事例の多発」を踏まえ、特にくくり罠を使用する際の注意を促している。また、人がかかった事例があるため、環境省の企画による「狩猟事故防止DVD動画」(4)も、そのリスクに言及した。地域によっては、予防措置の一環として「罠の外し方」の説明書きを罠付近に設置し、万一の事態に備えている。

くくり罠においては、錯誤捕獲に遭った個体(**写真**

写真1　錯誤捕獲に遭ったニホンカモシカ。(写真提供：松嶋克彰氏)

1）の放獣には多少なりとも技術と手間を要し、クマがかかった場合には通りがかった人が襲撃される可能性も指摘されている。**写真2**は野外で観察された「三本足」のキツネであり、周辺の状況からくくり罠による錯誤捕獲から逃れた個体と推察された。錯誤捕獲の問題が、捕獲実務の効率性、安全性、アニマルウエルフェアの各側面から精査が求められている所以である。日本哺乳類学会のシカ保護管理作業部会の動きは、このような認識の高まりを反映してのことなのである。

なお、錯誤捕獲個体のみならず、もともと捕獲対象としている種のアニマルウエルフェアにも留意すべきとの指摘が強まってきた。**写真3**は、くくり罠のワイヤーで締められたシカの肢である。骨の損傷が認められ、重度の場合は開放骨折に至ることもある。

このような個体では体幹部の筋肉も損傷している可能性もあり、食用として利用できる肉の歩留まりを下げることにもなる。「生きたまま処理場に運ぶシステム」を構築するにあたっても、移送檻に入れる際の手間を考えれば、くくり罠との相性は必ずしも良くはない。アニマルウエルフェアへの配慮は、実は捕獲者の安全確保にも関係し、かつ捕獲個体の資源的活用とも深くかかわる案件なのである(5)。

以上の問題を踏まえ、くくり罠をめぐる錯誤捕獲とアニマルウエルフェアに関しては「予防策の検討」、「ガイドラインもしくはマニュアルの整備を含む対応策の検討」、「捕獲従事者を対象とするトレーニング体制の整備」の3点が急務と考えている。

ジビエ振興における課題

シビエ振興に関する仮想未来的な懸念とは「需要の開拓・創出により、海外の養鹿産業に席巻される日本のジビエ業界」である。ジビエ振興が、必ずしも農林業被害の軽減や個体数管理の推進に直結するわけではないことは、これまでも複数の報文や報道により指摘され[6]、本書の中でも言及されている。そこで本稿では、「需要の開拓・創出」策が不適切に進められた場合を想定し、その結果として生じかねない「輸入肉の流通・消費ばかりが促進されるリスク」[5][7]について考えてみたい。

写真２　三本足のキツネ。
（写真提供：株式会社イーグレット・オフィス 須藤一成氏）

写真３　くくり罠で締められたシカの肢（左）と、それにより生じた骨の損傷(右)。

ニュージーランドでは「養鹿」が産業として定着し、業界をあげて活発な海外市場の開拓を続けている[8]。主要な輸出先はヨーロッパであり、相手国における「野生由来肉の自国内供給」の不足を補う形でのビジネスとなっている。

しかし、ヨーロッパでのシカ肉は基本的に「旬の食材」であり、伝統的に狩猟肉の方が好まれる傾向があるため、高価で取り引きされる季節が限られる。この課題の解決を目的にニュージーランドの業界は、北米における市場開拓を強化する方針を打ち出した。

翻って今の日本のジビエ振興策を見てみよう。捕獲を一般狩猟者などの地域住民に依存することが多いため捕獲努力量が安定せず、捕獲数を推定・把握・調整するための資源管理学的な発想も欠如している。解体処理車等の投入などにより回収・搬送システムを整えたところで、そもそも捕獲数の安定性が期待できない野生鳥獣を相手にする以上、根本的な解決に至ることはあるまい。衛生管理についても、各種のガイドラインやマニュアル等が整えられたが、捕獲や作業従事者への周知・徹底には、しばらく時間がかかりそうである。

この状況の中で「需要の開拓・創出」ばかりが進行した場合、主要な供給源を海外に求める動きが一気に加速してもおかしくはない。あるいは逆に、海外からの熱心な売り込み工作が始まるかもしれない。現時点では、日本を含むアジア諸国は主に袋角の輸出先と位置づけられているが、いずれ肉の需要や取引先としての有望性が認識されることになるであろう。

また、ニュージーランドの養鹿業界は、飼育個体の栄養管理や健康管理、アニマルウエルフェアへの配慮等の徹底をPRしている(8)。この戦術は、日本人の安心安全志向を強く刺激するかもしれない。衛生管理システムが未熟な間にネガティブキャンペーンを張られれば、国内市場は危機的な状況に追い込まれる可能性があり、価格面でも相当な苦戦を強いられることは疑いない。既にヨーロッパでは、ニュージーランド産の最高級グレードの養鹿肉が、野生由来の肉を凌駕する価格で取り引きされるケースがある(8)とのことである。

ジビエ振興と今なすべきこと

それでは今、予防策の検討と理論武装として何をすべきであろうか。まずは、シカ肉やイノシシ肉をめぐる海外市場の動向調査である。あわせて、国内の小売業者や飲食店を対象に、「国内産の肉にどれだけのこだわりを持っているか」を知るための意識調査も必要であろう。

そして、もし海外産肉の輸入増大の可能性が明らかになった場合には、先手を打つ形での国内産肉の差別化と付加価値の検討が不可欠となってくる。著者個人の想像の域は出ないが、伝統のあるヨーロッパ諸国とは異なり、多くが都市住民である日本の消費者にしてみれば、国内産野生個体の肉を志向する傾向はさほど強いとは思えないためである。

いずれにしても、シカ肉やイノシシ肉にかかわる海外市場の「勢力」は軽視すべきではない。ニュージーランドの養鹿だけでも枝肉の生産量は年2万トンを超え、養鹿業者の団体も組織されている。輸出先も、ドイツ、アメリカ合衆国、ベルギー、オランダ、スイス、英国などと多岐に渡る(8)。あるシカ肉処理施設の2004年の記録ではあるが、輸出量の7〜8%が日本向けであったとの情報もある(9)。

少なくとも現時点のシカ肉については、「養鹿肉の輸入ルートの成立」により国産肉が抱える四大課題(安定供給、均質性、衛生管理、価格)が揃って解決してしまう可能性が高い。このような海外市場の存在にどれだけ神経質になれるか、関連行政や事業者の「本気度」を測る上で欠かせない指標として注目される。

おわりに

冒頭に述べたとおり、本稿は「やぶ蛇」であることを自認しつつ、しかし強い危機感に基づきながら書き上げたものである。いくつかの提案も含めたが、もしこれらが何らかの効を奏し、提示した2つの懸念が「仮想」のまま過ぎ去るのであれば、著者としてはこれにまさる喜びはない。

(鈴木正嗣)

(注) アニマルウエルフェア：動物福祉と訳されることがある。(一社) エゾシカ協会の「エゾシカ管理のグランドデザイン」には、「シカ管理では、捕獲等において、シカの精神的・肉体的なストレスを最小限にするよう配慮することが求められる」と記されている。

【参考文献】

(1) 日本哺乳類学会・哺乳類保護管理専門委員会：http://www.mammalogy.jp/iinkai/hogokanri.html (2018年7月25日確認版)
(2) (一社) エゾシカ協会：http://yezodeer.org/grand_design2018/2018grand_design.pdf (2018年7月25日確認版)
(3) (一社)大日本猟友会：日猟会報　第43号(2017)
(4) 環境省：http://www.env.go.jp/nature/choju/hunt/hunt3.html(2018年7月25日確認版)
(5) 利活用技術指導者育成研修事業検討委員会 (農林水産省農村振興局監修)：http://www.maff.go.jp/j/nousin/saigai/manual.html (2018年7月25日確認版)
(6) 鈴木正嗣：その資源化と利活用、本当に鳥獣害として役立ちますか？『農耕と園芸』、71 (8)、12-16 (2016)
(7) 田村典江：日本における野生鳥獣肉の流通と消費—ローカルフードシステムの構築にむけて—、農業と経済、84(6)、56-64(2018)
(8) ディア・インダストリー・ニュージーランド：https://www.deernz.org(2018年7月25日確認版)
(9) 地域産業研究会：平成16年度総会の概要「ニュージーランド養鹿視察ツアーの報告」、コンサルタンツ北海道、106、59-61(2005)5)利活用技術指導者育成研修事業検討委員会(農林水産省農村振興局監修)：http://www.maff.go.jp/j/nousin/saigai/manual.html(2018年7月25日確認版)

資源化の落とし穴

近年、野生獣の資源化が盛んに叫ばれるようになった。しかし、実現に向けてのハードルは高い。まず、資源化の議論が、獣肉の価値を認めて需要が高まったからではなく、被害対策のために捕獲頭数が増えてどうにも処理に困ったことから発生している。すなわち、効果の上がらない捕獲対策を推進する状況のなか、行政が苦し紛れに獣肉の資源化を行おうとしているのである。さらに大きな問題点が、狩猟者中心で資源化が何とかなるだろうと行政が考えている点にある。

現在、イノシシやシカの資源化（獣肉利用）を目指す地域が増えている。いわゆるジビエ料理のイベントが各地で行われ、野生動物の肉資源の利用をうたっているのだ。しかし、それらが成功する可能性は極めて低い。誤解しないでいただきたいが、資源化自体を無理だと言っているわけではない。資源化を進めるに当たって、その取り組み方に問題があるのだ。そこで、ここでは野生肉の資源化のあり方について考えていきたい。

失敗だらけの資源化

各地域や自治体で獣肉利用の会議や研修会、イベントが開催されている。しかし、資源化に成功したと言える地域は非常に少ない。まして20年近く安定して継続している地域を指折り数えると全国探しても片手で余る。

なぜ、うまくいかないのか？

ここでも本書冒頭に述べた被害対策の間違いと同じようなことが起こっているからだ。農業や生活の変化が要因であることを置き去りにして、野生動物が悪さをするから取り除くという政策の流れを、地方自治体もそれに倣ったことで、捕獲中心の被害対策を唱えるようになった。

捕獲優先の被害対策では、被害を減らすことはできない。しかしながら、毎年膨れ上がる有害駆除個体を焼却や埋没処理しなければならない。このままでは駆除個体の死体の山ができてしまうので、慌てた自治体は大型の焼却処理施設の建設を提案する。だが、今のご時世ではなかなか賛同が得られない。少しでも前向きな解決策として、資源化しようという話になり、食肉加工処理施設の建設が議題に上がる。ほとんどの自治体は猟師に有害駆除の報奨金を払っている。さらに食肉処理費用まで捻出しなければならない上に、被害は一向に止まらない。そして、事業費を投入したにもかかわらず資源化による収益も上がらない。これでは自治体財政の危機だけではなく、地域崩壊の危機である。

成功する資源化とは

資源化を成功させたいなら、駆除に頼らない被害対策を進めることだ。矛盾を感じるかもしれないが、これが王道である。前述のように駆除に頼る地域では捕獲数のノルマ達成が最優先され、闇雲な捕獲を行うようになる。捕獲されるイノシシは雄雌、老若関係ない。目標頭数に達すれば良い。捕獲方法も何でも良い。とにかく捕れれば良いのである。

これまで繰り返し述べてきたが、被害対策とはあくまでも捕獲に頼らない総合対策である。この基本を守ると資源化成功への道が開ける。捕獲に頼らず、野生動物の好まない環境作り、動物の行動特性を考慮した正しい柵の設置を行うだけでも十分に被害を減らすことができる。このような地域の田畑周辺に出没した野生動物は、十分に餌を取ることができないので捕獲檻に誘導しやすい。すでに被害を減少させているところは捕獲に対して余裕が生まれ、資源化に適した捕獲処理を行える。すなわち何でもかんでも捕って無理矢理に肉にするのではなく、おいしい肉になるイノシシを捕って、おいしい肉にするための処理を行うのである。

捕獲頭数を目標に掲げて、ひたすらイノシシを捕るような地域では、このような状況にはならない、いや、なれないのである。成功地域では、住民主体＋行政サポートの形がとられているため、事業費はほとんど使われない。役場の担当者は事業費獲得ではなく、アイデアやきっかけ作りに力を入れている。儲けではなく、イノシシ肉を材料としてどのように人のつながりを導いていけるのか、一過性にしないためにはどうすれば良いのかを考えている。

事業費ではなく人を動かすことを優先した結果、主婦たちが気軽に集まる場所を提供するとともにイノシシ総菜や弁当を出すようになったりする。さらに小学校の給食にも定期的にイノシシ肉が出されたり、地域の商店街や食堂にも当たり前のメニューとしてイノシシ肉が存在するようになる。子供からお年寄りまで、地域の特産品であるイノシシブランドを知らない人がいない。住民が自ら出資することで各自が責任を持ち、自分たちが楽しむために行う。猟師も農家も主婦も学校もみんなが参加できる資源化を進めている。すでに資源化は鳥獣害対策ではなく、人をつなぐ町作りとして成り立っている。

資源化は広がるか？

資源化に成功した地域には、外部からの視察研修が後を絶たない。どの団体も真剣に視察をして帰って行くのだが、対応した著者らはガッカリすることが多い。毎回多くの質問に答えるのだが、その質問の内容は、「処理場の建設費の費用は？」「冷蔵庫の値段は？」「どんな事業費を獲得したのか？」「収益はいくらか？」など、お金の話ばかりである。

著者らはお金ではなく、人をどう動かすのか、地域住民にどのように浸透させるのか、という話をするのだが、それに対する質問はほとんどない、というより興味がないようにも見える。まさに資源化に失敗する典型である。

もう1つ重要なことがある。資源化を考えている方々と話して驚くのが、イノシシのこと、肉のこと、畜産のことについてあまりにも知らないことが多いのである。おいしい豚肉はどのように育てられ、どのように出荷され、どのように処理されるのか。また、そこにどのような人たちがかかわっているのか。これらのことを知るだけでも、イノシシ肉の品質を格段に上げるヒントが見えてくる。

ヨーロッパでは文化としてジビエを食し、自然の恵みや命をいただくことの感謝を込めて食する。わが国でも、そのような観点でジビエ文化が育ち、すばらしい品質のジビエを安心していただける日が来れば良いと思う。現在のジビエ振興（信仰？）は鳥獣害関連の莫大な予算が使われている。願わくば、獣肉処理場の赤字を補填し続ける垂れ流しの補助金利用ではなく、純粋に高品質のジビエを追求し、ジビエ文化を育てる機運が高まって欲しい。

（江口祐輔）

まずはイノシシ肉そのもののおいしさを知って欲しい。

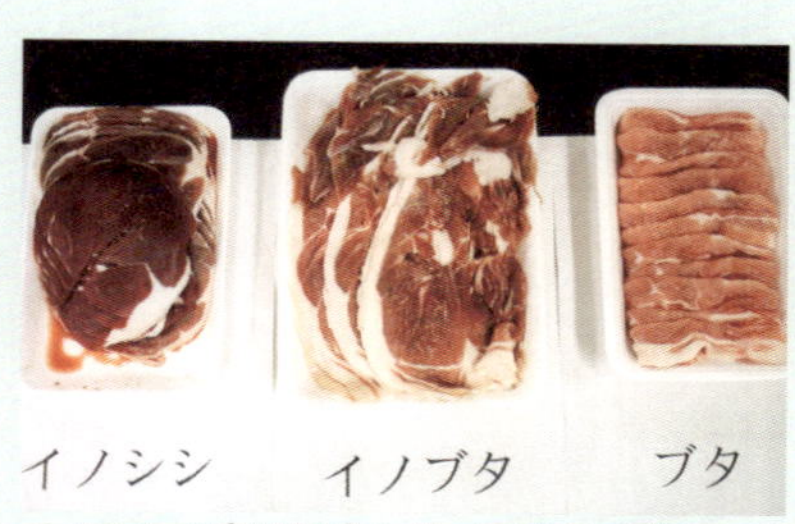

イノシシの肉は豚肉に比べて赤みが強い。

おわりに

本書の姉妹本に当たる『本当に正しい 鳥獣害対策Q&A』（誠文堂新光社）のあとがきにも記したが、「作るより買ったほうが安い」「行政は何もしてくれない」「次やられたらやめる」、これまでどれほど多くの農業者からこんな言葉を聞かされたことだろうか。10回や20回ではない。もう、口癖になっていて、いたるところで発言されているのかも知れない。だが、家庭内や農地で何度もこんな言葉を聞かされた子供や孫はどう思うだろうか。「そんなに大変なら農家になるのはやめよう」と考えるのは自然の成り行きだ。後継者不足の日本の農業の縮図を見ているような気がする。親が誇りをもって仕事をしていれば、子供も親の職業を尊敬し、憧れを抱く。後継者不足を過疎化や限界集落、高齢化などの社会問題として扱うのではなく、家庭内の問題として捉えたい。野生動物との知恵比べに勝ち、「動物より人間が上だ」「野生動物に勝ったぞ」「農業は楽しいぞ」と後継者に向けた言葉が増えることに本書がかかわることができれば幸いである。

執筆陣は、心から被害を減らしたいと考え、日々現場に寄り添い研究に励んでいる研究者である。普段から、農家さんのためになるのであれば情報を共有しようと、お互いに認め合いながら研究を進めてきた方々だ。執筆者の古谷益朗氏、鈴木正嗣氏、山端直人氏、加瀬ちひろ氏、上田弘則氏、堂山宗一郎氏、山口恭弘氏、吉田保志子氏に感謝申し上げる。また、改訂新版を出版するにあたり、辛抱強く激励、フォローしていただいた誠文堂新光社の皆様に感謝申し上げる。

江口祐輔

古谷益朗（ふるや ますお）

埼玉県出身。埼玉県農業技術研究センター　生産環境・安全管理担当　鳥獣害防除研究チーム　担当部長。2002年から野生動物による様々な被害を回避するための技術開発に取り組む。特にハクビシン、アライグマの対策については全国に先駆けて取り組み、侵入防止柵「白落くん」「楽落くん」、アライグマ専用の捕獲わな「ラクーンキューブ」の開発・普及など現在までに多くの成果がある。鳥獣害対策成功のカギは係る人の意識改革とのことから、現在は全国規模で「正しい事実と正しい技術」をテーマに研修や現地指導を行っている。

山口恭弘（やまぐち やすひろ）

栃木県出身。筑波大学大学院博士課程生物科学研究科単位取得退学後、筑波大学博士(理学)取得。農林水産省・農業研究センター病害虫防除部鳥害研究室に採用。組織改編を経て、現在は農研機構・中央農業研究センター・鳥獣害グループ上級研究員。ヒヨドリ、スズメを中心に中小型鳥類の農作物への被害対策研究に取り組む。共著として、『共生をめざした鳥獣害対策』(全国農業会議所)、『STOP！鳥獣害～地域で取り組む対策のヒント』(全国農業会議所)がある。

吉田保志子（よしだ ほしこ）

埼玉県出身。筑波大学大学院環境科学研究科修士課程修了。東京大学大学院農学生命科学研究科博士後期課程に在籍の後、農林水産省・農業研究センター病害虫防除部鳥害研究室。組織改編を経て、現在は農研機構・中央農業研究センター・鳥獣害グループ上級研究員。農村のカラスの生息や繁殖の実態、被害状況等について研究を行ったのち、カラスの飼育試験で行動特性を調べ、その結果に基づいて防鳥ネットやテグスを使った侵入防止技術の開発を行っている。共著として『カラスの自然史～系統から遊び行動まで』(北海道大学出版会)、『STOP！鳥獣害～地域で取り組む対策のヒント』(全国農業会議所)がある。

鈴木正嗣（すずき まさつぐ）

1961年東京生まれ。1987年帯広畜産大学獣医学科を卒業。エゾシカの繁殖生理と成長に関わる研究により、北海道大学より博士（獣医学）の学位を取得。現在、岐阜大学応用生物科学部教授・獣医師。近年は野生動物の感染症や動物福祉に関する研究も行っている。

（掲載順／ 2018年10月現在）

【執筆者紹介】

江口祐輔（えぐちゆうすけ）

1969年神奈川県生まれ。農水省中国農業試験場研究員、麻布大学講師等を経て現在、農研機構西日本農業研究センター鳥獣害対策技術グループ長および麻布大学客員教授。専門は動物行動学、動物管理学。イノシシを始め様々な動物を対象に、運動・感覚・学習能力の解明と鳥獣害対策の研究と普及に取り組む。著書に「本当に正しい鳥獣害対策Q＆A」（誠文堂新光社）、「イノシシから田畑を守る」（農文協）ほか多数。

上田弘則（うえだひろのり）

2001～2002年、山梨県環境科学研究所動物生態学研究室研究員。2003年～現在、西日本農業研究センター鳥獣害対策技術グループ上級研究員。専門は生態学、鳥獣害対策。

堂山宗一郎（どうやまそういちろう）

香川県出身。麻布大学大学院修了。研究テーマは「野生動物の行動や能力の解明とそれに基づく被害対策の考案」。

山端直人（やまばたなおと）

1969年三重県生まれ。1991年三重大学農学部を卒業。集落共同による獣害対策の多面的な効果に関わる研究で京都大学より博士（農学）の学位を取得。現在、兵庫県立大学自然・環境科学研究所教授。農村計画やアクションリサーチの観点からの実証的な獣害対策研究に従事している。共著に『STOP！鳥獣害 ―地域で取り組む対策のヒント』（全国農業会議所）など。

加瀬ちひろ（かせちひろ）

1985年神奈川県生まれ。2007年麻布大学獣医学部動物応用科学科卒業。2012年麻布大学大学院獣医学研究科動物応用科学専攻博士号取得。一般財団法人自然環境研究センター研究員、千葉科学大学危機管理学部助教を経て、現在、麻布大学獣医学部動物応用科学科講師。共著に『STOP！鳥獣害 ―地域で取り組む対策のヒント』（全国農業会議所）がある。

写真提供 松嶋克彰
株式会社イーグレット・オフィス 須藤一成

staff カバー・本文デザイン：代々木デザイン事務所
編集：戸村悦子
図版：プラスアルファ

動物の行動から考える 決定版 農作物を守る鳥獣害対策

NDC615

2018年11月19日 発 行

編 著 江口祐輔

発行者 小川雄一
発行所 株式会社 誠文堂新光社
〒113-0033 東京都文京区本郷3-3-11
編 集 TEL03-5800-3625
販 売 TEL03-5800-5780
http://www.seibundo-shinkosha.net/
印刷・製本 大日本印刷 株式会社

Printed in Japan

ISBN978-4-416-61850-9